汉译经典

〔英国〕托马斯·赫胥黎 著
严复 译

天演论

译林出版社

目　录

吴汝纶序

严子几道既译英人赫胥黎所著《天演论》，以示汝纶，曰："为我序之。"

天演者，西国格物家言也。其学以天择、物竞二义，综万汇之本原，考动植之蕃耗，言治者取焉。因物变递嬗，深探乎质力聚散之义，推极乎古今万国盛衰兴坏之由，而大归以任天为治。赫胥黎氏起而尽变故说，以为天下不可独任，要贵以人持天。以人持天，必究极乎天赋之能，使人治日即乎新，而后其国永存，而种族赖以不坠，是之谓与天争胜。而人之争天而胜天者，又皆天事之所苞，是故天行人治，同归天演。其为书奥赜纵横，博涉乎希腊、竺乾①、斯多噶、婆罗门、释迦诸学，审同析异而取其衷，吾国之所创闻也。凡赫胥黎氏之道具如此。斯以信美矣！抑汝纶之深有取于是书，则又以严子之雄于文，以为赫胥黎氏之指趣，得严子乃益明。自吾国之译西书，未有能及严子者也。

凡吾圣贤之教，上者，道胜而文至；其次，道稍卑矣，而文犹足以久。独文之不足，斯其道不能以徒存。六艺尚已！晚周以来，诸子各自名家，其文多可喜。其大要有集录之书，有自著之言。集录者，篇各为义，不相统贯，原于《诗》、《书》者也；自著者，

---

① 竺乾，即天竺，印度的古称。

1

建立一干，枝叶扶疏，原于《易》、《春秋》者也。汉之士争以撰著相高，其尤者，《太史公书》，继《春秋》而作，人治以著。扬子《太玄》，拟《易》为之，天行以阐。是皆所为一干而枝叶扶疏也。及唐中叶，而韩退之氏出，源本《诗》、《书》，一变而为集录之体，宋以来宗之。是故汉氏多撰著之编，唐、宋多集录之文，其大略也。集录既多，而向之所为撰著之体，不复多见，间一有之，其文采不足以自发，知言者摈焉弗列也。独近世所传西人书，率皆一干而众枝，有合于汉氏之撰著。又惜吾国之译言者，大抵　陋不文，不足传载其义。夫撰著之与集录，其体虽变，其要于文之能工，一而已。

今议者谓西人之学，多吾所未闻，欲瀹民智，莫善于译书。吾则以谓今西书之流入吾国，适当吾文学靡敝之时，士大夫相矜尚以为学者，时文耳、公牍耳、说部耳！舍此三者，几无所为书。而是三者，固不足与文学之事。今西书虽多新学，顾吾之士以其时文、公牍、说部之词，译而传之，有识者方鄙夷而不知顾，民智之瀹何由？此无他，文不足焉故也。文如几道，可与言译书矣。往者释氏之入中国，中学未衰也，能者笔受，前后相望，顾其文自为一类，不与中国同。今赫胥黎氏之道，未知于释氏何如？然欲侪其书于太史氏、扬氏之列，吾知其难也；即欲侪之唐、宋作者，吾亦知其难也。严子一文之，而其书乃骎骎与晚周诸子相上下，然则文顾不重耶？抑严子之译是书，不惟自传其文而已，盖谓赫胥黎氏以人持天，以人治之日新，卫其种族之说，其义富，其辞危，使读焉者怵焉知变，于国论殆有助乎？是旨也，予又惑焉。凡为书必与其时之学者相入，而后其效明。今学者方以时文、公牍、说部为学，而严子乃欲进之以可久之词，与晚周诸子相上下之书，吾惧其舛驰而不相入也。虽然，严子之意，盖将有待也，待而得其人，则吾民之智瀹矣，是又赫胥黎氏以人治归天演之一义也欤！

光绪戊戌孟夏　桐城吴汝纶叙

译《天演论》自序

英国名学家穆勒约翰有言：欲考一国之文字语言，而能见其理极，非谙晓数国之言语文字者不能也。斯言也，吾始疑之，乃今深喻笃信，而叹其说之无以易也。岂徒言语文字之散者而已，即至大义微言，古之人殚毕生之精力，以从事于一学，当其有得，藏之一心，则为理；动之口舌，著之简策，则为词。固皆有其所以得此理之由，亦有其所以载焉以传之故。呜呼，岂偶然哉！自后人读古人之书，而未尝为古人之学，则于古人所得以为理者，已有切肤精恍之异矣。又况历时久远，简牍沿讹。声音代变，则通假难明；风俗殊尚，则事意参差。夫如是，则虽有故训疏义之勤，而于古人诏示来学之旨，愈益晦矣。故曰，读古书难。虽然，彼所以托焉而传之理，固自若也。使其理诚精，其事诚信，则年代国俗无以隔之，是故不传于兹，或见于彼，事不相谋而各有合。考道之士，以其所得于彼者，反以证诸吾古人之所传，乃澄湛精莹，如寐初觉，其亲切有味，较之觇毕为学者，万万有加焉。此真治异国语言文字者之至乐也。

今夫六艺之于中国也，所谓日月经天、江河行地者尔。而仲尼之于六艺也，《易》、《春秋》最严。司马迁曰："《易》本隐而之显，《春秋》推见至隐。"此天下至精之言也。始吾以谓"本隐之显"者，观《象》、《系辞》以定吉凶而已；"推见至隐"者，诛意褒贬而已。及观西人名学，则见其于格物致知之事，有内籀之术焉，有外籀之术焉。内籀云者，察其曲而知其全者也，执其微以会其通者也；外籀云者，据公理以断众事者也，设定数以逆未然者也。乃推卷起曰：有是哉！是固吾《易》、《春秋》之学也。迁所谓"本隐之显"者，外籀也。所谓"推见至隐"者，内籀也。其言若诏之矣。二者即物穷理之最要途术也，而后人不知广而用之者，未尝事其事，则亦未尝咨其术而已矣。

近二百年，欧洲学术之盛，远迈古初，其所得以为名理、公例者，在在见极，不可复摇。顾吾古人之所得，往往先之，此非傅会扬己之言也。吾将试举其灼然不诬者，以质天下。夫西学之最为切实而执其例可以御蕃变者，名、数、质、力四者之学是已。而吾《易》则名、数以为经，质、力以为纬，而合而名之曰《易》。大宇之内，质、力相推，非质无以见力，非力无以呈质。凡力皆乾也，凡质皆坤也。奈端动之例三，其一曰："静者不自动，动者不自止；动路必直，速率必均。"此所谓旷古之虑，自其例出，而后天学明，人事利者也。而《易》则曰："乾，其静也专，其动也直。"后二百年，有斯宾塞尔者，以天演自然言化，著书造论，贯天地人而一理之，此亦晚近之绝作也。其为天演界说曰："翕以合质，辟以出力，始简易而终杂糅。"而《易》则曰："坤，其静也翕，其动也辟。"至于全力不增减之说，则有自强不息为之先，凡动必复之说，则有消息之义居其始，而"易，不可见，乾坤或几乎息"之旨，尤与"热力平均，天地乃毁"之言相发明也。此岂可悉谓之偶合也耶？虽然，由斯之说，必谓彼之所明，皆吾中土所前有，甚者或谓其学皆得于东来，则又不关事实，适用自蔽之说也。夫古人发其端，而后人莫能竟其绪；古人拟其大，而后人未能议其精，则犹之不学无术未化之民而已。祖父虽圣，何救子孙之童昏也哉！

大抵古书难读，中国为尤。二千年来，士徇利禄，守阙残，无独辟之虑。是以生今日者，乃转于西学，得识古之用焉。此可与知者道，难与不知者言也。风气渐通，士知弇陋为耻，西学之事，问涂日多。然亦有一二巨子，迤然谓彼之所精，不外象、数、形下之末；彼之所务，不越功利之间。逞臆为谈，不咨其实。讨论国闻，审敌自镜之道，又断断乎不如是也。赫胥黎氏此书之旨，本以救斯宾塞任天为治之末流，其中所论，与吾古人有甚合者。且于自强保种之事，反复三致意焉。夏日如年，聊为迻译，有以多符空言，无裨实政相稽者，则固不佞所不恤也。

光绪丙申重九　严复序

译例言

译事三难：信、达、雅。求其信已大难矣，顾信矣不达，虽译犹不译也，则达尚焉。海通已来，象寄之才，随地多有，而任取一书，责其能与于斯二者，则已寡矣。其故在浅尝，一也；偏至，二也；辨之者少，三也。今是书所言，本五十年来西人新得之学，又为作者晚出之书。译文取明深义，故词句之间，时有所颠到附益，不斤斤于字比句次，而意义则不倍本文。题曰达旨，不云笔译，取便发挥，实非正法。什法师有云：学我者病。来者方多，幸勿以是书为口实也。

西文句中名物字，多随举随释，如中文之旁支，后乃遥接前文，足意成句。故西文句法，少者二三字，多者数十百言。假令仿此为译，则恐必不可通，而删削取径，又恐意义有漏。此在译者将全文神理，融会于心，则下笔抒词，自善互备。至原文词理本深，难于共喻，则当前后引衬，以显其意。凡此经营，皆以为达，为达即所以为信也。

《易》曰：修辞立诚。子曰：辞达而已。又曰：言之无文，行之不远。三者乃文章正轨，亦即为译事楷模。故信、达而外，求其尔雅，此不仅期以行远已耳。实则精理微言，用汉以前字法、句法，则为达易；用近世利俗文字，则求达难。往往抑义就词，毫厘千里，审择于斯二者之间，夫固有所不得已也，岂钓奇哉！不佞此译，颇贻艰深文陋之讥，实则刻意求显，不过如是。又原书论说，多本名数格致及一切畴人之学，倘于之数者向未问津，虽作者同国之人，言语相通，仍多未喻，矧夫出以重译也耶？

新理踵出，名目纷繁，索之中文，渺不可得，即有牵合，终嫌参差。译者遇此，独有自具衡量，即义定名。顾其事有甚难者，即如此书上卷导言十余篇，乃因正论理深，先敷浅说。仆始翻"卮言"，而钱塘夏穗卿曾佑病其滥恶，谓内典原有此种，可名"悬谈"。及桐城吴丈挚甫汝纶见之，又谓"卮言"既成滥词，"悬谈"亦沿释氏，均非能自树立者所为，不如用诸子旧例，随篇标目为佳。穗卿又谓：如此则篇自为文，于原书建立一本之义稍晦。而悬谈、悬疏诸名，悬者玄也，乃会撮精旨之言，与此不合，必不可用。于是乃依其原目，质译"导言"，而分注吴之篇目于下，取便阅者。此以见定名之难，虽欲避生吞活剥之诮，有不可得者矣。他如物竞、天择、储能、效实诸名，皆由我始。一名之立，旬月踟蹰，我罪我知，是在明哲。

原书多论希腊以来学派，凡所标举，皆当时名硕。流风绪论，泰西二千年之人心民智系焉，讲西学者所不可不知也。兹于篇末，略载诸公生世事业，粗备学者知人论世之资。

穷理与从政相同，皆贵集思广益。今遇原文所论，与他书有异同者，辄就谫陋所知，列入后案，以资参考。间亦附以己见，取《诗》称嘤求，《易》言丽泽之义。是非然否，以俟公论，不敢固也。如曰标高揭己，则失不佞怀铅握椠，辛苦迻译之本心矣。

是编之译，本以理学西书，翻转不易，固取此书，日与同学诸子相课。迨书成，吴丈挚甫见而好之，斧落征引，匡益实多。

顾惟探赜叩寂之学，非当务之所亟，不愿问世也。而稿经沔阳卢君木斋借钞，劝早日付梓。邮示介弟慎之于鄂，亦谓宜公海内，遂灾枣梨，犹非不佞意也。刻讫寄津覆斠，乃为发例言，并识缘起如是云。

光绪二十四年岁在戊戌四月二十二日　严复识于天津尊疑学塾

卷上　导言十八篇

导言一　察　变

　　赫胥黎独处一室之中，在英伦之南[①]，背山而面野。槛外诸境，历历如在几下。乃悬想二千年前，当罗马大将恺彻[②]未到时，此间有何景物。计惟有天造草昧，人功未施，其借征人境者，不过几处荒坟，散见坡陀起伏间。而灌木丛林，蒙茸山麓，未经删治如今日者，则无疑也。怒生之草，交加之藤，势如争长相雄，各据一抔壤土，夏与畏日争，冬与严霜争，四时之内，飘风怒吹，或西发西洋[③]，或东起北海[④]，旁午交扇，无时而息。上有鸟兽之践啄，下有蚁蝝之啮伤，憔悴孤虚，旋生旋灭，菀枯顷刻，莫可究详。是离离者亦各尽天能，以自存种族而已。数亩之内，战事炽然，强者后亡，弱者先绝，年年岁岁，偏有留遗，未知始自何年，更不知止于何代。苟人事不施于其间，则莽莽榛榛，长此互相吞并，混逐蔓延而已，而诘之者谁耶！英之南野，黄芩[⑤]之种为多，此自未有纪载以 z 前，革衣石斧之民所采撷践踏者，兹之所见，其苗裔耳。邃古之前，坤枢未转，英伦诸岛

---

　　① 英伦之南，Southern Britain。

　　② 恺彻，Caius Julius Caesar，今译恺撒，生于公元前100年，卒于公元前44年。

　　③ 西洋，Atlantic Ocean，今译大西洋。

　　④ 北海，North Sea，位于不列颠群岛、欧洲大陆和斯堪的纳维亚半岛之间。

　　⑤ 黄芩，Amarella Gentiana。

乃属冰天雪海之区，此物能寒，法当较今尤茂。此区区一小草耳，若迹其祖始，远及洪荒，则三古以还年代方之，犹瀼渴之水，比诸大江，不啻小支而已。故事有决无可疑者，则天道变化，不主故常是已。特自皇古迄今，为变盖渐，浅人不察，遂有天地不变之言。实则今兹所见，乃自不可穷诘之变动而来。京垓年岁之中，每每员舆正不知几移几换而成此最后之奇。且继今以往，陵谷变迁，又属可知之事，此地学不刊之说也。假其惊怖斯言，则索证正不在远。试向立足处所，掘地深逾寻丈，将逢蠥灰①，以是（蠥灰），知其地之古必为海。盖蠥灰为物，乃蠃蚌脱壳积叠而成，若用显镜察之，其掩旋尚多完具者，使是地不前为海，此恒河沙数蠃蚌者胡从来乎？沧海飏尘，非诞说矣。且地学之家，历验各种僵石，知动植庶品，率皆递有变迁。特为变至微，其迁极渐，即假吾人彭、聃之寿，而亦由暂观久，潜移弗知；是犹蟪蛄不识春秋，朝菌不知晦朔，遽以不变名之，真瞽说也。故知不变一言，决非天运，而悠久成物之理，转在变动不居之中。是当前之所见，经廿年、卅年而革焉可也，更二万年、三万年而革亦可也，特据前事推将来，为变方长，未知所极而已。虽然，天运变矣，而有不变者行乎其中。不变惟何？是名"天演"。以天演为体，而其用有二：曰物竞②，曰天择③。此万物莫不然，而于有生之类为尤著。物竞者，物争自存也，以一物以与物物争，或存或亡，而其效则归于天择。天择者，物争焉而独存，则其

---

① 蠥灰，Chalk，白垩。
② 物竞，Struggle for existence，今通译生存竞争。
③ 天择，Selection，今通译自然淘汰。

存也，必有其所以存，必其所得于天之分，自致一己之能，与其所遭值之时与地，及凡周身以外之物力，有其相谋相剂者焉。夫而后独免于亡，而足以自立也。而自其效观之，若是物特为天之所厚而择焉以存也者，夫是之谓天择。天择者，择于自然，虽择而莫之择，犹物竞之无所争，而实天下之至争也。斯宾塞尔[①]曰："天择者，存其最宜者也。"夫物既争存矣，而天又从其争之后而择之，一争一择，而变化之事出矣。

复案：物竞、天择二义，发于英人达尔文。达著《物种由来》[②]一书，以考论世间动植物类所以繁殖之故。先是言生理者，皆主异物分造之说。近今百年格物诸家，稍疑古说之不可通，如法人兰麻克[③]、爵弗来[④]、德人方拔[⑤]、万俾尔[⑥]，英人威里士[⑦]、格兰特[⑧]、斯宾塞尔、倭恩[⑨]、赫胥黎，

---

① 斯宾塞尔，Herbert Spencer，今译斯宾塞（1820—1903），英国著名哲学家。

② 《物种由来》，*Origin of Species*，今译《物种起源》。

③ 兰麻克，Chevalier de Lamarck，今译拉马克（1744—1829），法国动物学家。

④ 爵弗来，Geoffroy Saint Hilaire，今译若弗鲁瓦（1772—1844），法国著名博物学家。

⑤ 方拔，von Buch，今通译冯·巴哈（1774—1853），德国著名地质学家、博物学家。

⑥ 万俾尔，von Baer，今通译冯·贝尔（1792—1876），德国著名动物学家。

⑦ 威里士，William Charles Wells，今译威廉·威尔斯（1757—1817），英国医生，他在1813年已提出"天择"之说。

⑧ 格兰特，Grand，1826年以淡水海绵为基础论证物种的演变与改良。

⑨ 倭恩，Owen，今译欧文（1804—1892），英国动物学家，解剖学家。

皆生学^①名家，先后间出，目治手营，穷探审论，知有生之物，始于同，终于异，造物立其一本，以大力运之。而万类之所以底于如是者，咸其自己而已，无所谓创造者也。然其说未大行也。至咸丰九年，达氏书出，众论翕然。自兹厥后，欧、美二洲治生学者，大抵宗达氏。而矿事日辟，掘地开山，多得古禽兽遗蜕，其种已灭，为今所无。于是虫鱼禽互兽人之间，衔接迤演之物，日以渐密，而达氏之言乃愈有征。故赫胥黎谓，古者以大地为静居天中，而日月星辰，拱绕周流，以地为主；自歌白尼^②出，乃知地本行星，系日而运。古者以人类为首出庶物，肖天而生，与万物绝异；自达尔文出，知人为天演中一境，且演且进，来者方将，而教宗抟土之说，必不可信。盖自有歌白尼而后天学明，亦自有达尔文而后生理确也。斯宾塞尔者，与达同时，亦本天演著《天人会通论》^③，举天、地、人、形气、心性、动植之事而一贯之，其说尤为精辟宏富。其第一书开宗明义，集格致之大成，以发明天演之旨；第二书以天演言生学；第三书以天演言性灵；第四书以天演言群理；最后第五书，乃考道德之本源，明政教之条贯，而以保种进化之公例要术终焉。

---

① 生学，Biology，即生物学。

② 歌白尼，Copernicus，今译哥白尼（1473—1543），波兰天文学家。

③ 《天人会通论》，*System of Synthetic Philosophy*，今译《综合哲学提纲》。其第一书名 *Frist Principles*（第一原理），第二书名 *Principles of Biology*（生物学原理），第三书名 *Principles of Psychology*（心理学原理），第四书名 *Principles of Sociology*（社会学原理），第五书名 *Principles of Ethics*（伦理学原理）。

呜乎！欧洲自有生民以来，无此作也[①]。斯宾氏迄今尚存，年七十有六矣。其全书于客岁始蒇事，所谓体大思精，殚毕生之力者也。达尔文生嘉庆十四年，卒于光绪八年壬午。赫胥黎于乙未夏化去，年七十也。

---

① 不佞近翻《群学肄言》一书，即其第五书中之一编也。

——译者注

导言二 广义

　　自递嬗之变迁，而得当境之适遇，其来无始，其去无终，曼衍连延，层见迭代，此之谓世变，此之谓运会。运者以明其迁流，会者以指所遭值，此其理古人已发之矣。但古以谓天运循环，周而复始，今兹所见，于古为重规，后此复来，于今为叠矩。此则甚不然者也。自吾党观之，物变所趋，皆由简入繁，由微生著，运常然也，会乃大异。假由当前一动物，远迹始初，将见逐代变体，虽至微眇，皆有可寻。迨至最初一形，乃莫定其为动为植。凡兹运行之理，乃化机所以不息之精，苟能静观，随在可察：小之极于跂行倒生，大之放乎日星天地；隐之则神思智识之所以圣狂，显之则政俗文章之所以沿革，言其要道，皆可一言蔽之，曰"天演"是已。此其说滥觞隆古，而大畅于近五十年，盖格致学精，时时可加实测故也。且伊古以来，人持一说以言天，家宗一理以论化，如或谓开辟以前，世为混沌，溼溼胶葛，待剖判而后轻清上举，重浊下凝；又或言抟土为人，咒日作昼，降及一花一草，蠕动蠉飞，皆自元始之时，有真宰焉，发挥张皇，号召位置，从无生有，忽然而成；又或谓出王游衍，时时皆有鉴观，惠吉逆凶，冥冥实操赏罚。此其说甚美，而无如其言之虚实，断不可证而知也。故用天演之说，则竺乾、天方、犹太诸教宗所谓神明创造之说皆不行。夫拔地之木，长于一子之微；垂天之鹏，出于一卵之细。其推陈出新，逐层换体，皆衔接微分而来。又有一不易不离之理，行乎其内。有因无创，有常无奇。设宇宙必有真宰，则天演一事，即真宰之功能，惟其立之之时，后果前因，同时并具，不得于机缄已开，洪钧既转之后，而别有设施张主于其间也。是故天演之事，不独见于动植二品中也，实则一切民物之事，与大宇之内日局诸体，远至于不可计数之恒星，本之未始有始以前，极之莫终有终以往，乃无一焉非天之所演也。故其事至颐至繁，断非一书所能罄。姑就生理治功一事，模略言之，先为导言十余篇，用以通其大义。虽然，隅一举而三反，善悟者诚于此而有得焉，则筦秘机之扃钥者，其应用亦正无穷耳！

复案：斯宾塞尔之天演界说曰："天演者，翕以聚质，辟以散力。方其用事也，物由纯而之杂，由流而之凝，由浑而之画，质力杂糅，相剂为变者也。"又为论数十万言，以释此界之例，其文繁衍奥博，不可猝译，今就所忆者杂取而粗明之，不能细也。其所谓"翕以聚质"者，即如日局太始，乃为星气，名涅菩剌斯①，布濩六合，其质点本热至大，其抵力亦多，过于吸力，继乃由通吸力收摄成殊，太阳居中，八纬外绕，各各聚质，如今是也。所谓"辟以散力"者，质聚而为热，为光，为声，为动，未有不耗本力者。此所以今日不如古日之热，地球则日缩，彗星则渐迟，

---

① 涅菩剌斯，Nebula，今通称星云。

八纬之周天皆日缓，久将进入而与太阳合体。又地入流星轨中，则见陨石。然则居今之时，日局不徒散力，即合质之事，亦方未艾也。余如动植之长，国种之成，虽为物悬殊，皆循此例矣。所谓"由纯之杂"者，万物皆始于简易，终于错综。日局始乃一气，地球本为流质，动植类胚胎萌芽，分官最简。国种之始，无尊卑、上下、君子小人之分，亦无通力合作之事。其演弥浅，其质点弥纯，至于深演之秋，官物大备，则事莫有同，而互相为用焉。所谓"由流之凝"者，盖流者非他[①]，由质点内力甚多，未散故耳。动植始皆柔滑，终乃坚强；草昧之民，类多游牧，城邑土著，文治乃兴，胥此理也。所谓"由浑之画"者，浑者芜而不精之谓，画则有定体而界域分明。盖纯而流者未尝不浑。而杂而凝者，又未必皆画也。且专言由纯之杂，由流之凝，而不言由浑之画，则凡物之病且乱者，如刘、柳[②]元气败为痈痔之说，将亦可名天演。此所以二者之外，必益以由浑之画而后义完也。物至于画，则由壮入老，进极而将退矣。人老则难以学新，治老则笃于守旧，皆此理也。所谓"质力杂糅"，"相剂为变"者，亦天演最要之义，不可忽而漏之也。前者言辟以散力矣，虽然，力不可以尽散，散尽则物死，而天演不可见矣。是故方其演也，必有内涵之力，以与其质相剂，力既定质，而质亦范力，质日异而力亦从而不同焉。故物之少也，多质点之力。何谓质点之力？如化学所谓爱

---

① 此流字兼飞质而言。——译者注
② 刘、柳，指刘禹锡和柳宗元。

力^①是已。及其壮也，则多物体之力，凡可见之动，皆此力为之也。更取日局为喻，方为涅菩星气之时，全局所有，几皆点力，至于今则诸体之周天四游，绕轴自转，皆所谓体力之著者矣。人身之血，经肺而合养气，食物入胃成浆，经肺成血，皆点力之事也。官与物尘相接，由涅伏^②以达脑成觉，即觉成思，因思起欲，由欲命动，自欲以前，亦皆点力之事。独至肺张心激，胃回胞转，以及拜舞歌呼手足之事，则体力耳。点、体二力，互为其根，而有隐见之异，此所谓相剂为变也。天演之义，所苞如此，斯宾塞氏至推之农商工兵语言文学之间，皆可以天演明其消息所以然之故，苟善悟者深思而自得之，亦一乐也。

---

① 即化学亲和力。
② 涅伏俗曰脑气筋。——译者注
涅伏，Nerve，今称神经。

导言三 趋 异

号物之数曰万，此无虑之言也。物固奚翅万哉？而人与居一焉。人，动物之灵者也，与不灵之禽兽、鱼鳖、昆虫对。动物者，生类之有知觉运动者也，与无知觉之植物对。生类者，有质之物而具支体官理者也，与无支体官理之金、石、水、土对。凡此皆有质可称量之物也，合之无质不可称量之声、热、光、电诸动力，而万物之品备矣。总而言之，气质而已。故人者，具气质之体，有支体、官理、知觉、运动，而形上之神，寓之以为灵，此其所以为生类之最贵也。虽然，人类贵矣，而其为气质之所囚拘，阴阳之所张弛，排激动荡，为所使而不自知，则与有生之类莫不同也。有生者生生，而天之命若曰：使生生者各肖其所生，而又代趋于微异。且周身之外，牵天系地，举凡与生相待之资，以爱恶拒受之不同，常若右其所宜，而左其所不相得者。夫生既趋于代异矣，而寒暑、燥湿、风水、土谷，洎夫一切动植之伦，所与其生相接相寇者，又常有所左右于其间，于是则相得者亨，不相得者困；相得者寿，不相得者殇，日计不觉，岁校有余，浸假不相得者将亡，而相得者生而独传种族矣。此天之所以为择也。且其事不止此，今夫生之为事也，孳乳而寝多，相乘以蕃，诚不知其所底也。而地力有限，则资生之事，常有制而不能逾。是故常法牝牡合而生生，祖孙再传，食指三倍，以有涯之资生，奉无穷之传衍，物既各爱其生矣，不出于

12

争，将胡获耶？不必争于事，固常争于形，借曰让之，效与争等。何则？得者只一，而失者终有徒也。此物竞争存之论所以断断乎无以易也。自其反而求之，使含生之伦，有类皆同，绝无少异，则天演之事，无从而兴。天演者，以变动不居为事者也。使与生相待之资于异者非所左右，则天择之事，亦将泯焉。使奉生之物，恒与生相副于无穷，则物竞之论，亦无所施。争固起于不足也。然则天演既兴，三理不可偏废，无异、无择、无争，有一然者，非吾人今者所居世界也。

复案：学问格致之事，最患者人习于耳目之肤近，而常忘事理之真实。今如物竞之烈，士非抱深思独见之明，则不能窥其万一者也。英国计学家①马尔达②有言：万类生生，各用几何级数③，使灭亡之数，不远过于所存，则瞬息之间，地球乃无隙地。人类孳乳较迟，然使衣食裁足，则二十五年其数自倍，不及千年，一男女所生，当遍大陆也。生子最稀，莫逾于象，往者达尔文尝计其数矣。法以牝牡一双，三十岁而生子，至九十而止，中间经数，各生六子，寿各百年，如是以往，至七百四十许年，当得见象一千九百万也。又赫胥黎云：大地出水

---

① 即理财之学。——译者注
Economist，今译经济学家。
② 马尔达，Malthus，今译马尔萨斯（1766—1834）。英国著名经济学家。著有《人口原理》（*Principle of Population*）。
③ 几何级数者，级级皆用定数相乘也。谓设父生五子，则每子亦生五孙。——译者注

之陆，约为方迷卢①者五十一兆。今设其寒温相若，肥埆又相若，而草木所资之地浆、日热、炭养②、亚摩尼亚③莫不相同，如是而设有一树，及年长成，年出五十子，此为植物出子甚少之数，但群子随风而扬，枚枚得活，各占地皮一方英尺，亦为不疏，如是计之，得九年之后，遍地皆此种树，而尚不足五百三十一万三千二百六十六垓方英尺。此非臆造之言，有名数可稽，综如下式者也。

每年实得木数

第一年以一枚木出五十子　　　　＝　五〇

　　　　　一　　　　　二

第二年以（五〇）枚木出（五〇）子　＝　二五〇〇

　　　　　二　　　　　三

第三年以（五〇）枚木出（五〇）子　＝　一二五〇〇〇

　　　　　三　　　　　四

第四年以（五〇）枚木出（五〇）子　＝　六二五〇〇〇〇

　　　　　四　　　　　五

第五年以（五〇）枚木出（五〇）子　＝　三一二五〇〇〇〇〇

　　　　　五　　　　　六

第六年以（五〇）枚木出（五〇）子　＝　一五六二五〇〇〇〇〇〇

　　　　　六　　　　　七

---

① 迷卢，Mile，今译英里，1英里约合1609米。
② 炭养即二氧化碳气。
③ 亚摩尼亚，Ammonia，即氨。

14

第七年以（五〇）枚木出（五〇）子 ＝ 七八一二五〇〇〇〇〇〇〇
           七   八

第八年以（五〇）枚木出（五〇）子 ＝ 三九〇六二五〇〇〇〇〇〇〇〇
           八   九

第九年以（五〇）枚木出（五〇）子 ＝ 一九五三一二五〇〇〇〇〇〇〇〇〇
           而   英方尺

英之一方迷卢   ＝ 二七八七八四〇〇

故五一〇〇〇〇〇方迷卢   ＝ 一四二一七九八四〇〇〇〇〇〇

相减得不足地面   ＝ 五三一三二六六〇〇〇〇〇〇〇

夫草木之蕃滋，以数计之如此，而地上各种植物，以实事考之又如彼，则此之所谓五十子者，至多不过百一二存而已。且其独存众亡之故，虽有圣者莫能知也，然必有其所以然之理，此达氏所谓物竞者也。竞而独存，其故虽不可知，然可微拟而论之也。设当群子同入一区之时，其中有一焉，其抽乙独早，虽半日数时之顷，已足以尽收膏液，令余子不复长成，而此抽乙独早之故，或辞枝较先，或苞膜较薄，皆足致然。设以膜薄而早抽，则他日其子，又有膜薄者，因以竞胜，如此则历久之余，此膜薄者传为种矣。此达氏所谓天择也。嗟夫！物类之生乳者至多，存者至寡，存亡之间，间不容发。其种愈下，其存弥难，此不仅物然而已。墨、澳二洲，其中土人日益萧瑟，此岂必虔刘朘削之而后然哉？资生之物所加多者有限，有术者既多取之而丰，无具者自少取焉而啬，丰者近昌，啬者邻灭。此洞识知微之士，所为惊心动魄，于保群进化之图，而知徒高睨大谈于夷夏轩轾之间者，为深无益于事实也。

导言四　人　为

前之所言，率取譬于天然之物。天然非他，凡未经人力所修为施设者是已。乃今为之试拟一地焉，在深山广岛之中，或绝徼穷边而外，自元始来未经人迹，抑前经垦辟而荒弃多年，今者弥望蓬蒿，羌无蹊远，荆榛稠密，不可爬梳。则人将曰：甚矣此地之荒秽矣！然要知此蓬蒿荆榛者，既不假人力而自生，即是中种之最宜，而为天之所择也。忽一旦有人焉，为之铲刈秽草，斩除恶木，缭以周垣，衡纵十亩；更为之树嘉葩，栽美箭，滋兰九畹，种橘千头。举凡非其地所前有，而为主人所爱好者，悉移取培植乎其中，如是乃成十亩园林。凡垣以内之所有，与垣以外之自生，判然各别矣。此垣以内者，不独沟塍阑楯，皆见精思，即一草一花，亦经意匠，正不得谓草木为天工，而垣字独称人事，即谓皆人为焉无不可耳。第斯园既假人力而落成，尤必待人力以持久，势必时加护葺，日事删除，夫而后种种美观，可期恒保。假其废而不治，则经时之后，外之峻然峙者，将圮而日卑，中之浏然清者，必淫而日塞，飞者啄之，走者躏之，虫豸为之蠹，莓苔速其枯，其与此地最宜之蔓草荒榛，或缘间隙而交萦，或因飞子而播殖，不一二百年，将见基址仅存，蓬科满目，旧主人手足之烈，渐不可见，是青青者又战胜独存，而遗其宜种矣。此则尽人耳目所及，其为事岂不然哉？此之取譬，欲明何者为人为，十亩园林，正是人为之一。大抵天之生人也，其周一身者谓之力，谓之气，其宅一心者谓之智，谓之神，智力兼施，以之离合万物，于以成天之所不能。自成者谓之业，谓之功，而通谓之曰人事。自古之土铏洼尊，以至今之电车铁舰，精粗迥殊，人事一也。故人事者所以济天工之穷也。虽然，苟揣其本以为言，则岂惟是莽莽荒荒，自生自灭者，乃出于天生。即此花木亭垣，凡吾人所辅相裁成者，亦何一不由帝力乎？夫曰人巧足夺天工，其说固非皆诞，顾此冒祏横目，手以攫、足以行者，则亦彼苍所赋畀。且岂徒形体为然，所谓运智虑以为才，制行谊以为德，凡所异于草木禽兽者，一一皆秉彝物则，无所逃于天命而独尊。由斯而谈，则虽有出类拔萃之圣人，建生民未有之事业，而自受性降衷而论，固实与昆虫草木同科，贵贱不同，要为天演之所苞已耳，此穷理之家之公论也。

复案：本篇有云：物不假人力而自生，便为其地最宜之种。此说固也。然不知分别观之则误人，是不可以不论也。赫胥黎氏于此所指为最宜者，仅就本土所前有诸种中，标其最宜耳。如是而言，其说自不可易，何则？非最宜不能独存独盛故也。然使是种与未经前有之新种角，则其胜负之数，其尚能为最宜与否，举不可知矣。大抵四达之地，接壤绵遥，则新种易通。其为物竞，历时较久，聚种亦多。至如岛国孤悬，或其国在内地，而有雪岭、流沙之限，则其中见种，物竞较狭，暂为最宜，外种闯入，新竞更起。往往年月以后，旧种渐湮，新种迭盛。此自舟车大通之后，所特见屡见不一见者也。譬如美洲从古无马，自西班牙人载与俱入之后，今则不独家有是畜，且落荒山林，转成野种，聚族蕃生。澳洲及新西兰诸岛无鼠，自欧人到彼，船鼠入陆，至今遍地皆鼠，无异欧洲。俄罗斯蟋蟀旧种长大，自安息①小蟋蟀入境，剋灭旧种，今转难得。苏格兰旧有画眉最善鸣，后忽有斑画眉，不悉何来，不善鸣而蕃生，剋善鸣者日以益稀。澳洲土蜂无针，自窝蜂有针者入境，无针者不数年灭。至如植物，则中国之蕃薯菣来自吕宋②，黄占来自占城③，蒲桃、苜蓿来自西域，薏苡载自日南④，此见诸史传者也。南美之番百合，西名哈敦⑤，本地中海东岸物，一经移种，今南美拉百拉达⑥往往蔓生数十百里，弥望无他草木焉。余则由欧洲以入印度、澳斯地利，动植尚多，往往十年以外，遂遍其境，较之本土，繁盛有加。夫物有迁地而良如此，谁谓必本土固有者而后称最宜哉？嗟乎！岂惟是动植而已，使必土著最宜，则彼美洲之红人，澳洲之黑种，何由自交通以来，岁有耗减？而伯林海⑦之

————————

① 安息，中东地区古国名，位于今伊朗境内。
② 吕宋，指菲律宾。
③ 占城，古国名，位于印度半岛。
④ 日南，古国名，在今越南中部。
⑤ 哈敦，Cardoon，今称毛蓟。
⑥ 拉百拉达，La Plata，今译拉普拉塔，位于阿根廷南部。
⑦ 伯林海，Behring Sea，今译白令海，在亚洲东北角与北美洲西北角间。

甘穆斯噶加①，前土民数十万，晚近乃仅数万，存者不及什一，此俄人亲为余言，且谓过是恐益少也。物竞既兴，负者日耗，区区人满，乌足恃也哉！乌足恃也哉！

---

① 甘穆斯噶加，Kamchatka，今通译堪察加，半岛名，东临白令海，属俄罗斯。

导言五 互 争

　　难者曰：信斯言也，人治天行，同为天演矣。夫名学①之理，事不相反之谓同，功不相毁之谓同。前篇所论，二者相反相毁明矣，以矛陷盾，互相抵牾，是果僢驰而不可合也。如是岂名学之理，有时不足信欤？应之曰：以上所明，在在征诸事实。若名学必谓相反相毁，不出同原，人治天行，不得同为天演，则负者将在名学理征于事。事实如此，不可诬也。夫园林台榭，谓之人力之成可也，谓之天机之动，而诱衷假手于斯人之功力以成之，亦无不可。独是人力既施之后，是天行者，时时在在，欲毁其成功，务使复还旧观而后已。倘治园者不能常目存之，则历久之余，其成绩必归于乌有，此事所必至，无可如何者也。今如河中铁桥，沿河石隄，二者皆天材人巧，交资成物者也。然而飘风朝过，则机牙阄损，潮头暮上，则基阯微摇。且凉热涨缩，则笋缄不得不松；雾凇潜滋，则锈涩不能不长，更无论开阖动荡之日有损伤者矣。是故桥须岁以勘修，隄须时以培筑，夫而后可得利用而久长也。故假人力以成务者天，凭天资以建业者人，而务成业建之后，天人势不相能。若必使之归宗返始而后快者，不独前一二事为然。小之则树艺牧畜之微，大之则修齐治平之重，无所往而非天人互争之境。其本

---

　　① 名学，Logic，现称逻辑学。

固一，其末乃歧。闻者疑吾言乎？则盍观张弓，张弓者之两手也，支左而屈右，力同出一人也，而左右相距。然则天行人治之相反也，其原何不可同乎？同原而相反，是所以成其变化者耶？

复案：于上二篇，斯宾塞、赫胥黎二家言治之殊，可以见矣。斯宾塞之言治也，大旨存于任天，而人事为之辅，犹黄老之明自然，而不忘在宥是已。赫胥黎氏他所著录，亦什九主任天之说者，独于此书，非之如此，盖为持前说而过者设也。斯宾塞之言曰，人当食之顷，则自然觉饥思食。今设去饥而思食之自然，有良医焉，深究饮食之理，为之程度，如学之有课，则虽有至精至当之程，吾知人以忘食死者必相藉也。物莫不慈其子姓，此种之所以传也。今设去其自然爱子之情，则虽深谕切戒，以保世存宗之重，吾知人之类其灭久矣。此其尤大彰明较著者也。由是而推之，凡人生保身保种，合群进化之事，凡所当为，皆有其自然者，为之阴驱而潜率，其事弥重，其情弥殷。设弃此自然之机，而易之以学问理解，使知然后为之，则日用常行，已极纷纭繁赜，虽有圣者，不能一日行也。于是难者曰：诚如是，则世之任情而过者，又比比焉何也？曰：任情而至于过，其始必为其违情。饥而食，食而饱，饱而犹食；渴而饮，饮而滋，滋而犹饮，至违久而成习。习之既成，日以益痼，斯生害矣。故子之所言，乃任习，非任情也。使其始也，如其情而止，则乌能过乎？学问之事，所以范情，使勿至于成习以害生也。斯宾塞任天之说，模略如此。

导言六　人　择[①]

天行人治，常相毁而不相成，固矣。然人治之所以有功，即在反此天行之故。何以明之？天行者以物竞为功，而人治则以使物不竞为的；天行者倡其化物之机，设为已然之境，物各争存，宜者自立。且由是而立者强，强皆昌；不立者弱，弱乃灭亡。皆悬至信之格，而听万类之自己。至于人治则不然，立其所祈向之物，尽吾力焉为致所宜，以辅相匡翼之，俾克自存，以可久可大也。请申前喻。夫种类之孳生无穷，常于寻尺之壤。其膏液雨露，仅资一本之生，乃杂投数十百本牙蘖其中，争求长养，又有旱涝风霜之虐，耘其弱而植其强。洎夫一木独荣，此岂徒坚韧胜常而已，固必具与境推移之能，又或蒙天幸焉，夫而后翘尔后亡，由拱把而至婆娑之盛也，争存之难有如此者！至于人治独何如乎？彼天行之所存，固现有之最宜者，然此之最宜，自人观之，不必其至美而适用也。是故人治之兴，常兴于人类之有所择。譬诸草木，必择其所爱与利者而植之，既植矣，则必使地力宽饶有余，虫鸟勿蠹伤，牛羊勿践履；旱其溉之，霜其苫之，爱护保持，期于长成繁盛而后已。何则？彼固以是为美、利也，使其果实材荫，常有当夫主人之意，则爱护保持之事，

----
① 人择，Artificial selection，今译人为淘汰。

自相引而弥长，又使天时地利人事，不大异其始初，则主人之庇，亦可为此树所长保，此人胜天之说也。虽然，人之胜天亦仅耳！使所治之园，处大河之滨，一旦刍茭不属，虑殚为河，则主人于斯，救死不给，树乎何有？即它日河复，平沙无际，茅芦而外，无物能生。又设地枢渐转，其地化为冰虚，则此木亦未由得艺。此天胜人之说也。天人之际，其常为相胜也若此。所谓人治有功，在反天行者，盖虽辅相裁成，存其所善，而必赖天行之力，而后有以致其事，以获其所期。物种相刃相劘，又各肖其先，而代趋于微异。以其有异，人择以加，譬如树艺之家，果实花叶，有不尽如其意者，彼乃积摧其恶种，积择其善种，物竞自若也。特前之竞也，竞宜于天；后之竞也，竞宜于人。其存一也，而所以存异。夫如是积累而上之，恶日以消，善日以长，其得效有回出所期之外者，此之谓人择。人择而有功，必能尽物之性而后可。嗟夫！此真生聚富强之秘术，慎勿为卤莽者道也。

复案：达尔文《物种由来》云：人择一术，其功用于树艺牧畜，至为奇妙。用此术者，不仅能取其种而进退之，乃能悉变原种，至于不可复识。其事如按图而索，年月可期。往尝见撒孙尼①人击羊，每月三次置羊于几，体段毛角，详悉校品，无异考金石者之玩古器也。其术要在识别微异，择所祈向，积累成著而已。顾行术最难，非独具手眼，觉察毫厘，不能得所欲也。具此能者，千牧之中，殆难得一。

---

① 撒孙尼，Saxony，今译萨克森。位于德国。

苟其能之，更益巧习，数稔之间，必致巨富。欧洲羊马二事，尤彰彰也。间亦用接构之法，故真佳种，索价不訾，然少得效。效者须牝牡种近，生乃真佳，无反种之弊。牧畜如此，树艺亦然，特其事差易，以进种略骤，易于抉择耳。

导言七　善　败

　　天演之说，若更以垦荒之事喻之，其理将愈明而易见。今设英伦有数十百民，以本国人满，谋生之艰，发愿前往新地开垦。满载一舟，到澳洲南岛达斯马尼亚所[①]，弃船登陆，耳目所触，水土动植，种种族类，寒燠燥湿，皆与英国大异，莫有同者。此数十百民者，筚路褴缕，辟草莱，烈山泽，驱其猛兽虫蛇，不使与人争土，百里之周，居然城邑矣。更为之播英之禾，艺英之果，致英之犬羊牛马，使之游且字于其中。于是百里之内与百里之外，不独民种迥殊，动植之伦，亦以大异。凡此皆人之所为，而非天之所设也。故其事与前喻之园林，虽大小相悬，而其理则一。顾人事立矣，而其土之天行自若也，物竞又自若也。以一朝之人事，闯然出于数千万年天行之中，以与之相抗，或小胜而仅存，或大胜而日辟，抑或负焉以泯而无遗，则一以此数十百民之人事何如为断。使其通力合作，而常以公利为期，养生送死之事备，而有以安其身，推选赏罚之约明，而有以平其气，则不数十百年，可以蔚然成国。而土著之种产民物，凡可以驯而服者，皆得渐化相安，转为吾用。设此数十百民惰窳

---

　　①　澳士大利亚南有小岛。——译者注
　　达斯马尼亚，Tasmania，今译塔斯马尼亚，大洋洲南端的一个大岛。
　　澳士大利亚，即澳大利亚。

卤莽，愚暗不仁，相友相助之不能，转而糜精力于相伐，则客主之势既殊，彼旧种者，得因以为利，灭亡之祸，且暮间耳。即所与偕来之禾稼、果蔬、牛羊，或以无所托庇而消亡，或入焉而与旧者俱化。不数十年，将徒见山高而水深，而垦荒之事废矣。此即谓不知自致于最宜，用不为天之所择，可也。

复案：由来垦荒之利不利，最觇民种之高下。泰西自明以来，如荷兰，如日斯巴尼亚[①]，如蒲陀牙[②]，如丹麦，皆能浮海得新地。而最后英伦之民，于垦荒乃独著，前数国方之，瞠乎后矣。西有米利坚[③]，东有身毒[④]，南有好望新洲[⑤]，计其幅员，几与欧洲埒。此不仅习海擅商，狡黠坚毅为之也，亦其民能自制治，知合群之道胜耳。故霸者之民，知受治而不知自治，则虽与之地，不能久居。而霸天下之世，其君有辟疆，其民无垦土，法兰西、普鲁士、奥地利、俄罗斯之旧无垦地，正坐此耳。法于乾、嘉以前，真霸权不制之国也。中国廿余口之租界，英人处其中者，多不逾千，少不及百，而制度厘然，隐若敌国矣。吾闽粤民走南洋非洲者，所在以亿计，然终不免为人臧获，被驱斥也。悲夫！

① 日斯巴尼亚，Hispania，即西班牙。
② 蒲陀牙，Portugal，即葡萄牙。
③ 米利坚，America，即美洲。
④ 身毒，指印度。
⑤ 好望新洲，Cape of Good Hope，今译好望角。

导言八　乌托邦

又设此数十百民之内，而有首出庶物之一人，其聪明智虑之出于人人，犹常人之出于牛羊犬马，而为众所推服。立之以为君，以期人治之必申，不为天行之所胜。是为君者，其措施之事当如何？无亦法园夫之治园已耳。园夫欲其草木之植，凡可以害其草木者，匪不芟夷之，剿绝之。圣人欲其治之隆，凡不利其民者，亦必有以灭绝之，禁制之，使不克与其民有竞立争存之势。故其为草昧之君也，其于草莱、猛兽、戎狄，必有其烈之、驱之、膺之之事，其所尊显选举以辅治者，将惟其贤。亦犹园夫之于果实花叶，其所长养，必其适口与悦目者。且既欲其民和其智力以与其外争矣，则其民必不可互争以自弱也。于是求而得其所以争之端，以谓争常起于不足，乃为之制其恒产，使民各遂其生，勿廪然常惧为强与黠者之所兼并。取一国之公是公非，以制其刑与礼，使民各识其封疆畛畔，毋相侵夺，而太平之治以基。夫以人事抗天行，其势固常有所屈也。屈则治化不进，而民生以凋，是必为致所宜以辅之，而后其业乃可以久大。是故民屈于寒暑雨旸，则为致衣服宫室之宜；民屈于旱干水溢，则为致潴渠畎浍之宜。民屈于山川道路之阻深，而艰于转运也，则有道途、桥梁、漕輓、舟车，致之汽电诸机，所以增倍人畜之功力也；致之医疗药物，所以救民之厉疾夭死也；

27

为以刑狱禁制，所以防强弱愚智之相欺夺也；为之陆海诸军，所以御异族强邻之相侵侮也。凡如是之张设，皆以民力之有所屈，而为致其宜，务使民之待于天者，日以益寡，而于人自足恃者，日以益多。且圣人知治人之人，固赋于治于人者也。凶狡之民，不得廉公之吏，偷懦之众，不兴神武之君，故欲跻治之隆，必于民力、民智、民德三者之中，求其本也。故又为之学校庠序焉。学校庠序之制善，而后智仁勇之民兴，智仁勇之民兴，而有以为群力群策之资，而后其国乃一富而不可贫，一强而不可弱也。嗟夫！治国至于如是，是亦足矣。然观其所以为术，则与吾园夫所以长养草木者，其为道岂异也哉！假使员舆之中，而有如是之一国，则其民熙熙皞皞，凡其国之所有，皆足以养其欲而给其求。所谓天行物竞之虐，于其国皆不见，而惟人治为独尊，在在有以自恃而无畏。降而至一草木一禽兽之微，皆所以娱情适用之资，有其利而无其害。又以学校之兴，刑罚之中，举错之公也，故其民莠者日以少，良者日以多。驯至于各知职分之所当为，性分之所固有，通功合作，互相保持，以进于治化无疆之休。夫如是之群，古今之世所未有也，故称之曰乌托邦。乌托邦者，犹言无是国也，仅为涉想所存而已。然使后世果其有之，其致之也，将非由任天行之自然，而由尽力于人治，则断然可识者也。

复案：此篇所论，如"圣人知治人之人，赋于治于人者也"以下十余语最精辟。盖泰西言治之家，皆谓善治如草木，而民智如土田。民智既开，则下令如流水之源，善政不期举而自举，且一举而莫能废。不然，则虽有善政，迁地弗良，淮橘成枳，一也。人存政举，人亡政息，极其能事，不过成一治一乱之局，二也。此皆各国所历试历验者。西班牙民最信教，而智识卑下。故当明嘉、隆间，得斐立白第二^①为之主而大强。通美洲，据南美，而欧洲亦几为所混一。南洋吕宋一岛，名斐立宾^②者，即以其名名其所得地也。至万历末年，而斐立白第二死，继体之人，庸阇选懦，国乃大弱，尽失欧洲所已得地。贫削饥馑，民不聊生。直至乾隆初年，查理第三^③当国，精勤二十余年，而国势复振。然而民智未开，终弗善也。故至乾隆五十三年，查理第三亡，而国又大弱。虽道、咸以还，泰西诸国，治化宏开，西班牙立国其中，不能无所淬厉，然至今尚不足为第二等权也。至立政之际，民智污隆，难易尤判。如英国平税一事，明计学者持之盖久，然卒莫能行，坐其理太深，而国民抵死不悟故也。后议者以理财启蒙诸书，颁令乡塾习之，至道光间，阻力遂去，而其令大行，通国蒙其利矣。夫言治而不自教民始，徒曰"百姓可与乐成，难与虑始"；又曰"非常之原，黎民所惧"，皆苟且之治，不足存其国于物竞之后者也。

---

① 斐立白第二，Philip II，今译腓力二世（1527—1598），西班牙国王，1556 年至 1598 年在位。其执政时期为西班牙历史上最强盛的时代。

② 斐立宾，Philippine，今通译菲律宾。

③ 查理第三，Charles III，西班牙文为 Carlos III，因此通常译为卡洛斯三世（1716—1788），西班牙国王，1759 年至 1788 年在位。

导言九　汰 蕃

虽然，假真有如是之一日，而必谓其盛可长保，则又不然之说也。盖天地之大德曰生，而含生之伦，莫不孳乳，乐牝牡之合，而保爱所出者，此无化与有化之民所同也。方其治之未进也，则死于水旱者有之，死于饥寒者有之，且兵刑疾疫，无化之国，其死民也尤深。大乱之后，景物萧寥，无异新造之国者，其流徙而转于沟壑者众矣。洎新治出，物竞平，民获息肩之所，休养生聚，各长子孙，卅年以往，小邑自倍。以有限之地产，供无穷之孳生，不足则争，干戈又动。周而复始，循若无端，此天下之生所以一治而一乱也。故治愈隆则民愈休，民愈休则其蕃愈速。且德智并高，天行之害既有以防而胜之，如是经十数传、数十传以后，必神通如景尊①，能以二馒头哺四千众而后可。不然，人道既各争存，不出于争，将安出耶？争则物竞，兴天行用，所谓郅治之隆，乃儵然不终日矣，故人治者，所以平物竞也。而物竞乃即伏于人治之大成，此诚人道、物理之必然，昭然如日月之必出入，不得以美言饰说，苟用自欺者也。设前所谓首出庶物之圣人，于彼新造乌托邦之中，而有如是之一境，此其为所前知，固何待论。然

---

① 景尊，基督教于唐初传入中国，称景教。严复常用景教一词指称基督教，而用景尊二字称耶稣。

案：《圣经·新约》记耶稣以七小饼数小鱼，食四千余众。是此段比喻的根据。此段赫胥黎原书中并没有，为严复为论述所增。

吾侪小人，试为揣其所以挽回之术，则就理所可知言之，无亦二途已耳：一则听其蕃息，至过庶食不足之时，徐谋所以处置之者；一则量食为生，立嫁娶收养之程限，使无有过庶之一时。由前而言其术，即今英伦、法、德诸邦之所用。然不过移密就疏，挹兹注彼，以邻为壑，会有穷时，穷则大争仍起。由后而言，则微论程限之至难定也，就令微积之术，格致之学，日以益精，而程限较然可立，而行法之方，将安出耶？此又事有至难者也。于是议者曰："是不难，天下有骤视若不仁，而其实则至仁也者。夫过庶既必至争矣，争则必有所灭，灭又未必皆不善者也，则何莫于此之时，先去其不善而存其善？圣人治民，同于园夫之治草木，园夫之于草木也，过盛则芟夷之而已矣，拳曲臃肿则拔除之而已矣，夫惟如是，故其所养，皆嘉蓓珍果，而种日进也。去不材而育其材，治何为而不若是？罢癃、愚痫、残疾、颠丑、盲聋、狂暴之子，不必尽取而杀之也，鳏之寡之，俾无遗育，不亦可乎？使居吾土而衍者，必强佼、圣智、聪明、才杰之子孙，此真至治之所期，又何忧乎过庶？"主人曰："唯唯，愿与客更详之。"

复案：此篇客说，与希腊亚利大各[①]所持论略相仿。又嫁娶程限之政，瑞典旧行之：民欲婚嫁者，须报官验明家产及格者，始为胖合。然此令虽行，而俗转淫佚，天生之子满街，育婴堂充塞不复收，故其令寻废也。

---

① 亚利大各，Aristocles，即柏拉图。柏拉图原名 Aristocles，因其自幼身体强壮，胸宽肩阔，因此体育老师替他取了柏拉图一名，柏拉图，希腊语为"宽阔"之意。

导言十　择　难

　　天演家用择种留良之术于树艺牧畜间，而繁硕茁壮之效，若执左契致也。于是以谓人者生物之一宗，虽灵蠢攸殊，而血气之躯，传衍种类，所谓生肖其先，代趋微异者，与动植诸品无或殊焉。今吾术既用之草木禽兽而大验矣，行之人类，何不可以有功乎？此其说虽若骇人，然执其事而责其效，则确然有必然者。顾惟是此择与留之事，将谁任乎？前于垦荒立国，设为主治之一人，所以云其前识独知必出人人，犹人人之出牛羊犬马者，盖必如是而后乃可独行而独断也。果能如是，则无论如亚洲诸国，亶聪明作元后，天下无敢越志之至尊。或如欧洲，天听民听、天视民视、公举公治之议院，为独为聚、圣智同优。夫而后托之主治也可，托之择种留良也亦可。而不幸横览此五洲六十余国之间，为上下其六千余年之纪载，此独知前识，迈类逾种，如前比者，尚断断乎未尝有人也。且择种留良之术，用诸树艺牧畜而大有功者，以所择者草木禽兽，而择之者人也。今乃以人择人，此何异上林之羊，欲自为卜式，汧、渭之马，欲自为其伯翳，多见其不知量也已[①]。且欲由此术，是操选政

_____

　　① 案：原文用白鸽欲为施白来。施，英人。最善畜鸽者，易用中事。——译者注

　　施白来，Sir John Sebright，今译西布赖特。

32

者，不特其前识如神明，抑必极刚戾忍决之姿而后可。夫刚戾忍决诚无难，雄主酷吏皆优为之。独是先觉之事，则分限于天，必不可以人力勉也。且此才不仅求之一人之为难，即合一群之心思才力为之，亦将不可得。久矣，合群愚不能成一智，聚群不肖不能成一贤也。从来人种难分，比诸飞走下生，奚翅相伯。每有孩提之子，性情品格，父母视之为庸儿，戚党目之为劣子，温温未试，不比于人。逮磨砻世故，变动光明，事业声施，赫然惊俗，国蒙其利，民载其功。吾知聚百十儿童于此，使天演家凭其能事，恣为抉择，判某也为贤为智，某也为不肖为愚，某也可室可家，某也当鳏当寡，应机断决，无或差讹，用以择种留良，事均树畜，来者不可知，若今日之能事，尚未足以企此也。

导言十一　蜂　群

　　故首出庶物之神人既已杳不可得，则所谓择种之术不可行。由是知以人代天，其事必有所底，此无可如何者也。且斯人相系相资之故，其理至为微渺难思，使未得其人，而欲冒行其术，将不仅于治理无所复加，且恐其术果行，其群将涣。盖人之所以为人者，以其能群也。第深思其所以能群，则其理见矣。虽然，天之生物，以群立者不独斯人已也。试略举之，则禽之有群者，如雁如乌；兽之有群者，如鹿如象，如米利坚之犎，阿非利加[①]之狝，其尤著者也；昆虫之有群者，如蚁如蜂。凡此皆因其有群，以自完于物竞之际者也。今吾即蜂之群而论之，其与人之有群，同欤？异欤？意其皆可深思，因以明夫天演之理欤？夫蜂之为群也，审而观之，乃真有合于古井田经国之规，而为近世以均富言治者之极则也[②]。以均富言治者曰："财之不均，乱之本也。一群之民，宜通力而合作，然必事各视其所胜，养各给其所欲，平均齐一，无有分殊。为上者职在察贰廉空，使各得分愿，而莫或并兼焉，则太平见矣。"此其道蜂道也。夫蜂有后[③]，其民

---

　　① 阿非利加，即非洲。

　　② 复案：古之井田与今之均富，以天演之理及计学公例论之，乃古无此事，今不可行之制。故赫氏于此，意含滑稽。——译者注

　　③ 蜂王雌，故曰后。——译者注

雄者惰，而操作者半雌①。一壶之内，计而口禀，各致其职。昧旦而起，吸胶戴黄，制为甘芝，用相保其群之生，而与凡物为竞。其为群也，动于天机之自然，各趣其功，于以相养，各有其职分之所当为，而未尝争其权利之所应享。是辑辑者，为有思乎？有情乎？吾不得而知之也。自其可知者言之，无亦最粗之知觉运动已耳。设是群之中，有劳心者焉，则必其雄而不事之惰蜂，为其暇也。此其神识智计，必天之所纵，而皆生而知之，而非由学而来，抑由悟而入也。设其中有劳力者焉，则必其半雌，盼盼然终其身为酿蓄之事，而所禀之食，特倮然仅足以自存。是细腰者，必皆安而行之，而非由墨之道以为人，抑由杨之道以自为也。②之二者自裂房苴羽而来，其能事已各具矣。然则蜂之为群，其非为物之所设，而为天之所成明矣。天之所以成此群者奈何？曰：与之以含生之欲，辅之以自动之机，而后冶之以物竞，锤之以天择，使肖而代迁之种，自范于最宜，以存延其种族。此自无始来，累其渐变之功，以底于如是者。

---

① 采花酿蜜者皆雌，而不交不孕。其雄不事事，俗误为雌，呼曰蜂姐。——译者注

② 墨之道，指墨子主张的"兼爱"。杨之道，指杨朱的"为我""拔一毛而利天下，不为也"。

导言十二　人　群

　　人之有群，其始亦动于天机之自然乎？其亦天之所设，而非人之所为乎？群肇于家，其始不过夫妇父子之合，合久而系联益固，生齿日蕃，则其相为生养保持之事，乃愈益备，故宗法者群之所由昉也。夫如是之群，合而与其外争，或人或非人，将皆可以无畏，而有以自存。盖惟泯其争于内，而后有以为强，而胜其争于外也。此所与飞走蠕泳之群同焉者也。然则人虫之间，卒无以异乎？曰：有。鸟兽昆虫之于群，因生而受形，爪翼牙角，各守其能，可一而不可二，如彼蜜蜂然。雌者雄者，一受其成形，则器与体俱，媆媆然趋为一职，以毕其生，以效能于其群而已矣，又乌知其余？假有知识，则知识此一而已矣；假有嗜欲，亦嗜欲此一而已矣。何则？形定故也。至于人则不然，其受形虽有大小强弱之不同，其赋性虽有愚智巧拙之相绝，然天固未尝限之以定分，使划然为其一而不得企其余。曰此可为士，必不可以为农，曰此终为小人，必不足以为君子也。此其异于鸟兽昆虫者一也。且与生俱生者有大同焉，曰好甘而恶苦，曰先己而后人。夫曰先天下为忧，后天下为乐者，世容有是人，而无如其非本性也。人之先远矣，其始禽兽也，不知更几何世，而为山都木客，又不知更几何年，而为毛民猺獠。由毛民猺獠经数万年之天演，而渐有今日，此不必深讳者也。自禽兽以至为人，其间

36

物竞天择之用，无时而或休，而所以与万物争存、战胜而种盛者，中有最宜者在也。是最宜云何？曰独善自营而已。夫自营为私，然私之一言，乃无始来。斯人种子，由禽兽得此，渐以为人，直至今日而根株仍在者也。古人有言，人之性恶。又曰人为孽种，自有生来，便含罪恶。其言岂尽妄哉！是故凡属生人，莫不有欲，莫不求遂其欲。其始能战胜万物，而为天之所择以此，其后用以相贼，而为天之所诛亦以此。何则？自营大行，群道将息，而人种灭矣。此人所与鸟兽昆虫异者又其一也。

复案：西人有言，十八期民智大进步，以知地为行星，而非居中恒静，与天为配之大物，如古所云云者。十九期民智大进步，以知人道为生类中天演之一境，而非笃生特造，中天地为三才，如古所云云者。二说初立，皆为世人所大骇，竺旧者至不惜杀人以杜其说。卒之证据厘然，弥攻弥固，乃知如如之说，其不可撼如此也。达尔文《原人篇》[1]，希克罗[2]《人天演》[3]，赫胥黎《化中人位论》[4]，三书皆明人先为猿之理。而现在诸种猿中，则亚洲之吉贲[5]、倭兰[6]两种，

---

[1] 《原人篇》，*The Descent of Man and Selection in Relation to Sex*。

[2] 希克罗，Haeckel，今译海克尔（1834—1919），德国著名生物学家。

[3] 《人天演》，*Anthropogenie*，英译本名 *The Evolution of Man*。

[4] 《化中人位论》，*Man's Place in Nature*。

[5] 吉贲，*Gibbon*，长臂猿。

[6] 倭兰，*Orang-ontany*，猩猩。

非洲之戈栗拉①、青明子②两种为尤近。何以明之？以官骸功用，去人之度少，而去诸兽与他猿之度多也。自兹厥后，生学分类，皆人猿为一宗，号布拉默特③。布拉默特者，秦言第一类也。

---

① 戈栗拉，Gorilla，大猩猩。
② 青明子，Chimpanzee，黑猩猩。
③ 布拉默特，Primates，即灵长类。

导言十三　制　私

　　自营甚者必侈于自由，自由侈则侵，侵则争，争则群涣，群涣则人道所恃以为存者去。故曰自营大行，群道息而人种灭也。然而天地之性，物之最能为群者，又莫人若。如是，则其所受于天必有以制此自营者，夫而后有群之效也。①夫物莫不爱其苗裔，否则其种早绝而无遗，自然之理也。独爱子之情，人为独挚，其种最贵，故其生有待于父母之保持，方诸物为最久。久，故其用爱也尤深，继乃推类扩充，缘所爱而及所不爱，是故慈幼者，仁之本也。而慈幼之事，又若从自营之私而起，由私生慈，由慈生仁，由仁胜私，此道之所以不测也。又有异者，惟人道善以己效物，凡仪形肖貌之事，独人为能。②故禽兽不能画不能像，而人则于他人之事，他人之情，皆不能漠然相值，无概于中。即至隐微意念之间，皆感而遂通，绝不闻矫然离群，使人

---

　　①　复案：人道始群之际，其理至为要妙。群学家言之最晰者，有斯宾塞氏之《群谊篇》、柏捷特《格致治平相关论》二书，皆余所已译者。——译者注

　　柏捷特，Bagehot，今译白芝霍特（1826—1877），英国经济学家及批评家。《经济学家》杂志主编。

　　《格致治平相关论》，*Physics and Politics*，钟建闳有中文译本，名《物理与政理》。

　　②　案：昆虫禽兽亦能肖物。如南洋木叶虫之类，所在多有。又传载寡女丝一事，则尤异者。然此不足以破此公例也。——译者注

自人而我自我。故俚语曰：一人向隅，满堂为之不乐；孩稚调笑，戾夫为之破颜。涉乐方輮，言哀已嘘，动乎所不自知，发乎其不自已。或谓古有人焉，举世誉之而不加劝，举世毁之而不加沮，此诚极之若反，不可以常法论也。但设今者有高明深识之士，其意气若尘垢秕糠一世也者，猝于途中，遇一童子，显然傲侮轻贱之，谓彼其中毫不一动然者，则吾窃疑而未敢信也。李将军必取霸陵尉而杀之，可谓过矣。然以飞将威名，二千石之重，尉何物，乃以等闲视之？其憾之者，犹人情也[①]。不见夫怖畏清议者乎？刑章国宪，未必惧也，而斤斤然以乡里月旦为怀；美恶毁誉，至无定也，而礼俗既成之后，则通国不敢畔其范围。人宁受饥寒之苦，不忍舍生，而愧情中兴，其计短者至于自杀。凡此皆感通之机，人所甚异于禽兽者也。感通之机神，斯群之道立矣。大抵人居群中，自有识知以来，他人所为，常衡以我之好恶，我所为作，亦考之他人之毁誉。凡人与己之一言一行，皆与好恶毁誉相附而不可离，及其久也，乃不能作一念焉，而无好恶毁誉之别，由是而有是非，亦由是而有羞恶。人心常德，皆本之能相感通而后有，于是是心之中，常有物焉以为之宰，字曰天良。天良者，保群之主，所以制自营之私，不使过用以败群者也。

---

　　① 案：原本如下：埃及之哈猛必取摩德开而枭之高竿之上，亦已过矣。然彼以亚哈木鲁经略之重，何物犹大，乃漠然视之。门焉，再出入，傲不为礼，则其恨之者尚人情耳，今以与李广霸陵尉事相类，故易之如此。——译者注

　　此事见于《圣经·以斯帖记》。其中，哈猛，Haman，今译哈曼；摩德开，Mordecai，今通译末底改；亚哈木鲁，Ahasueras，今译亚哈随鲁；犹大，Jew，今译犹太。

复案：赫胥黎保群之论，可谓辨矣。然其谓群道由人心善相感而立，则有倒果为因之病，又不可不知也。盖人之由散入群，原为安利，其始正与禽兽下生等耳，初非由感通而立也。夫既以群为安利，则天演之事，将使能群者存，不群者灭；善群者存，不善群者灭？善群者何？善相感通者是。然则善相感通之德，乃天择以后之事，非其始之即如是也。其始岂无不善相感通者，经物竞之烈，亡矣，不可见矣。赫胥黎执其末以齐其本，此其言群理，所以不若斯宾塞氏之密也。且以感通为人道之本，其说发于计学家亚丹斯密^①，亦非赫胥黎氏所独标之新理也。

又案：班孟坚曰："不能爱则不能群，不能群则不胜物，不胜物则养不足。群而不足，争心将作。"吾窃谓此语，必古先哲人所已发。孟坚之识，尚未足以与此也。

---

① 亚丹斯密，Adam Smith，今译亚当·斯密（1723—1790），英国经济学家，著有《国富论》。

导言十四　恕　败

　　群之所以不涣，由人心之有天良，天良生于善相感，其端孕于至微，而效终于极巨，此之谓治化。治化者，天演之事也。其用在厚人类之生，大其与物为竞之能，以自全于天行酷烈之际。故治化虽原出于天，而不得谓其不与天行相反也。自礼刑之用，皆以释憾而平争，故治化进而天行消，即治化进而自营减。顾自营减之至尽，则人与物为竞之权力，又未尝不因之惧衰，此又不可不知者也。故比而论之，合群者所以平群以内之物竞，即以敌群以外之天行。人始以自营能独伸于庶物，而自营独用，则其群以漓。由合群而有治化，治化进而自营减，克己廉让之风兴。然自其群又不能与外物无争，故克己太深，自营尽泯者，其群又未尝不败也。无平不陂，无往不复，理诚如是，无所逃也。今天下之言道德者皆曰：终身可行莫如恕，平天下莫如絜矩矣。泰东者曰：己所不欲，勿施于人。所求于朋友，先施之。泰西者曰：施人如己所欲受。又曰：设身处地，待人如己之期人。凡此之言，皆所谓金科玉律，贯澈上下者矣，自常人行之，有必不能悉如其量者。虽然，学问之事，贵审其真，而无容心于其言之美恶。苟审其实，则恕道之与自存，固尚有其不尽比附也者。盖天下之为恶者，莫不务逃其诛：今有盗吾财者，使吾处盗之地，则莫若勿捕与勿罚；今有批吾颊者，使吾设批者之身，则左受批而右不再焉，已厚幸矣。持是道以与物为竞，则其所以自存者几何？故曰不相附也。且其道可用之民与民，而不可用之国与国。何则？民尚有国法焉，为之持其平而与之直也，至于国，则持其平而与之直者谁乎？

　　复案：赫胥黎氏之为此言，意欲明保群自存之道，不宜尽去自营也。然而其义隘矣。且其所举泰东西建言，皆非群学太平最大公例也。太平公例曰：人得自由，而以他人之自由为界。用此则无前弊矣。斯宾塞《群谊》一篇，为释是例而作也。晚近欧洲富强之效，识者皆归功于计学。计学者，首于亚丹斯密氏者也。其中亦有最大公例焉，曰大利所存，必其两益：损人利己，非也，损己利人亦非，损下益上，非也，损上益下亦非。其书五卷数十篇，大抵反复明此义耳。故道、咸以来，蠲保商之法，平进出之税，而商务大兴，国民俱富。嗟乎！今然后知道若大路然，斤斤于彼己盈绌之间者之真无当也。

导言十五　最　旨

　　前十四篇，皆诠天演之义，得一一覆按之。第一篇，明天道之常变，其用在物竞与天择；第二篇，标其大义，见其为万化之宗；第三篇，专就人道言之，以异、择、争三者明治化之所以进；第四篇，取譬园夫之治园，明天行人治之必相反；第五篇，言二者虽反，而同出一原，特天行则恣物之争而存其宜，人治则致物之宜，以求得其所祈向者；第六篇，天行既泯，物竞斯平，然物具肖先而异之性，故人治可以范物，使日进善而不知，此治化所以大足恃也；第七篇，更以垦土建国之事，明人治之正术；第八篇，设其民日滋，而有神圣为之主治，其道固可以法园夫；第九篇，见其术之终穷，穷则天行复兴，人治中废；第十篇，论所以救庶之术，独有耘莠存苗，而以人耘人，其术必不可用；第十一篇，言群出于天演之自然，有能群之天倪，而物竞为炉锤，人之始群，不异昆虫禽兽也；第十二篇，言人与物之不同，一曰才无不同，一曰自营无艺，二者皆争之器，而败群之凶德也，然其始则未尝不用是以自存；第十三篇，论能群之吉德，感通为始，天良为终，人有天良，群道乃固；第十四篇，明自营虽凶，亦在所用，而克己至尽，未或无伤。今者统十四篇之所论而观之，知人择之术，可行诸草木禽兽之中，断不可用诸人群之内。姑无论智之不足恃也，就令足恃，亦将使恻隐仁爱之风衰，而其群以涣。且充其类而言，凡恤罢癃、养残疾之政，皆与其治相舛而不行，直至医药治疗之学可废，而男女之合，亦将如会聚牸牝之为，而隳夫妇之伦而后可。狭隘酷烈之法深，而慈惠哀怜之意少，数传之后，风俗遂成，斯群之善否不可知，而所恃以相维相保之天良，其有存者不其寡欤！故曰：人择求强，而其效适以得弱。盖过庶之患，难图如此。虽然，今者天下非一家也，五洲之民非一种也，物竞之水深火烈，时平则隐于通商庀工之中，世变则发于战伐纵横之际。是中天择之效，所眷而存者云何？群道所因以进退者奚若？国家将安所恃而有立于物竞之余？虽其理诚奥博，非区区导言所能尽，意者深察世变之士，可思而得其大致于言外矣夫？

复案：赫胥黎氏是书大指，以物竞为乱源，而人治终穷于过庶。此其持论，所以与斯宾塞氏大相径庭，而谓太平为无是物也。斯宾塞则谓事迟速不可知，而人道必成于郅治。其言曰[1]：今若据前事以推将来，则知一群治化将开，其民必庶，始也以猛兽毒虫为患，庶则此患先祛。然而种分壤据，民之相残，不啻毒虫猛兽也。至合种成国，则此患又减，而转患孳乳之寝多。群而不足，大争起矣。使当此之时，民之性情知能，一如其朔，则其死率，当与民数作正比例。其不为正比例者，必其食裕也。而食之所以裕者，又必其相为生养之事进而后能。于此见天演之所以陶熔民

---

① 《生学天演》第十三篇"论人类究竟"。——译者注

生，与民生之自为体合①。体合者，进化之秘机也。虽然，此过庶之压力，可以裕食而减，而过庶之压力，又终以孳生而增。民之欲得者，常过其所已有，汲汲以求，若有阴驱潜率之者，亘古民欲，固未尝有见足之一时。故过庶压力，终无可免，即天演之用，终有所施。其间转徙垦屯，举不外一时挹注之事。循是以往，地球将实，实则过庶压力之量，与俱盈矣。故生齿日繁，过于其食者，所以使其民巧力才智，与自治之能，不容不进之因也。惟其不能不用，故不能不进，亦惟常用故常进也。举凡水火工虞之事，要皆民智之见端，必智进而后事进也。事既进者，非智进者莫能用也。格致之家，孜孜焉以尽物之性为事。农工商之民，据其理以善术，而物产之出也，以之益多，非民智日开，能为是乎？十顷之田，今之所获，倍于往岁，其农必通化殖之学，知水利，谙新机，而己与佣之巧力，皆臻至巧而后可。制造之工，朝出货而夕售者，其制造之器，其工匠之巧，皆不可以不若人明矣。通商之场日广，业是者，于物情必审，于计利必精，不然，败矣！商战烈，则子钱薄，故用机必最省费者，造舟必最合法者，御舟必最巧习者，而后倍称之息收焉。诸如此伦，苟求其原，皆一群过庶之压力致之耳。盖恶劳好逸，民之所同，使非争存，则耳目心思之力皆不用，不用则体合无由，而人之能事不进。是故天演之秘，可一言而尽也。天惟赋物以孳乳而贪生，则其种自以日上，万

---

① 物自变其形，能以合所遇之境，天演家谓之体合。——译者注

物莫不如是，人其一耳。进者存而传焉，不进者病而亡焉，此九地之下，古兽残骨之所以多也。一家一国之中，食指徒繁，而智力如故者，则其去无噍类不远矣。夫固有与争存而夺之食者也，不见前之爱尔兰乎？生息之伙，均诸圈牢，然其究也，徒以供沟壑之一饱，饥馑疾疫，刀兵水旱，有不忍卒言者。凡此皆人事之不臧，非天运也。然以经数言之，则去者必其不善自存者也。其有孑遗而长育种嗣者，必其能力最大，抑遭遇最优，而为天之所择者也。故宇宙妙生之物至多，不仅过庶一端而已。人欲图存，必用其才力心思，以与是妙生者为斗。负者日退，而胜者日昌，胜者非他，智德力三者皆大是耳。三者大而后与境相副之能恢，而生理乃大备。且由此而观之，则过庶者非人道究竟大患也。吾是书前篇，于生理进则种贵，而孳乳用稀之理，已反复辨证之矣。盖种贵则其取精也，所以为当躬之用者日奢，以为嗣育之用者日啬。一人之身，其情感论思，皆脑所主。群治进，民脑形愈大，襞积愈繁，通感愈速，故其自存保种之能力，与脑形之大小有比例；而察物穷理，自治治人，与夫保种诡谋之事，则与脑中襞积繁简为比例。然极治之世，人脑重大繁密固矣，而情感思虑，又至赜至变，至广至玄，其体既大，其用斯宏，故脑之消耗，又与其用情用思之多寡、深浅、远近、精粗为比例。三比例者合，故人当此时，其取物之精，所以资辅益填补此脑者最费。脑之事费，则生生之事廉矣。物固莫能两大也，今日欧民之脑，方之野蛮，已此十而彼七，即其中襞积复叠，亦野蛮少而浅，而欧民多且深。则继今以往，脑之为变如何，可前知也。此其消长盈虚之故，其以物竞天择之用而脑大者存乎？抑体合之为，必得脑之益繁且灵者，以与蕃变广玄之事理相副乎？此吾所不知也。知者用奢于此，则必啬于彼，而郅治之世，用脑之奢，又无疑也。吾前书证脑进者成丁迟[1]，又证男女情欲当极炽时，则思力必逊。而当思力大耗如初学人攻苦思索算学难题之类，则生育能事，往往抑沮不行。统此观之，则可知群治进极、宇内人满之秋，过庶不足为患，而斯人孳生迟速，与其国治化浅深，常有反比例也。斯宾塞之言如此。自其说出，论化之士十八九宗之。计学家柏捷特著《格致治平相关论》，多取其说。夫种下者多子而子夭，种贵者少子而子寿，此天演公例，自草木虫鱼，以至人类，所随地可察者。斯宾氏之说，岂不然哉？

---

[1] 谓牝牡为合之时。——译者注

导言十六 进 微

前论谓治化进则物竞不行固矣，然此特天行之物竞耳。天行物竞者，救死不给，民争食也，而人治之物竞犹自若也。人治物竞者，趋于荣利，求上人也。惟物竞长存，而后主治者可以操砥砺之权，以砻琢天下。夫所谓主治者，或独具全权之君主，或数贤监国，如古之共和，或合通国民权，如今日之民主。其制虽异，其权实均，亦各有推行之利弊[①]。要之其群之治乱强弱，则视民品之隆污，主治者抑其次矣。然既曰主治，斯皆有导进其群之能，课其为术，乃不出道齐举错，与夫刑赏之间已耳。主治者悬一格以求人，曰：必如是，吾乃尊显爵禄之。使所享之权与利，优于常伦焉，则天下皆奋其才力心思，以求合于其格，此必然之数也。其始焉为竞，其究也成习，习之既成，则虽主治有不能与其群相胜者。后之衰者驯至于亡，前之利者适成其弊，导民取舍之间，其机如此。是故天演之事，其端恒娠于至微，而为常智之所忽。及蒸为国俗，沦浃性情之后，悟其为弊，乃谋反之。操一苇以障狂澜，醊杯水以救燎原，此亡国乱群，所以相随属也。不知一群既涣，人治已失其权，即使圣人当之，亦仅能集散扶衰，勉企最宜，以听天事之抉择。何则？天演之

---

① 案：今泰西如英、德各邦多三合用之，以兼收其益，此国主而外，所以有爵民二议院也。——译者注

效，非一朝夕所能为也。是故人治天演，其事与动植不同。事功之转移易，民之性情气质变化难。持今日之英伦，以与图德①之朝相较②，则贫富强弱，相殊远矣。而民之官骸性情，若无少异于其初，词人狭斯丕尔③之所写生，方今之人，不仅声音笑貌同也，凡相攻相感不相得之情，又无以异。苟谓民品之进，必待治化既上，天行尽泯，而后有功，则自额勒查白以至维多利亚④，此两女主三百余年之间，英国之兵争盖寡，无炽然用事之天行也。择种留良之术，虽不尽用，间有行者。刑罚非不中也，害群之民，或流之，或杀之，或锢之终身焉。又以游惰皆窳者之种下也，振贫之令曰，凡无业仰给县官者，男女不同居。凡此之为，皆意欲绝不肖者，传衍种裔，累此群也。然而其事卒未尝验者，则何居？盖如是之事，合通国而计之，所及者隘，一也；民之犯法失业，事常见诸中年以后，刑政未加乎其身，此凶民惰民者，已婚嫁而育子矣，又其一也。且其术之穷不止此，世之不幸罹文网，与无操持而惰游者，其气质种类，不必皆不肖也。死囚贫乏，其受病虽恒在夫性情，而大半则缘乎所处之

---

① 图德，Tudors，今译都铎。

② 自显理第七至女主额勒查白是为图德之代，起明成化二十一年至万历三十一年。——译者注

显理第七，今译亨利七世（1457—1509），英格兰国王，1485—1509 年间在位。额勒查白，今译伊丽莎白。此指伊丽莎白一世（1533—1603），英女王，1558—1603 年间在位。

③ 狭，万历间英国词曲家，其传作大为各国所传译宝贵也。——译者注。

狭斯丕尔，即莎士比亚。

④ 维多利亚，Victoria（1819—1901），英国女王，1837—1901 年间在位。

地势。英谚有之曰："粪在田则为肥，在衣则为不洁。"然则不洁者，乃肥而失其所者也。故豪家土苴金帛，所以扬其惠声，而中产之家，则坐是以冻馁。猛毅致果之性，所以成大将之威名，仰机射利之奸，所以致驵商之厚实，而用之一不当，则刀锯囹圄从其后矣。由此而观之，彼被刑无赖之人，不必由天德之不肖，而恒由人事之不详也审矣，今而后知绝其种嗣俾无遗育者之真无当也。今者即英伦一国而言之，挽近三百年治功所进，几于绝景而驰，至其民之气质性情，尚无可指之进步。而欧墨物竞炎炎，天演为炉，天择为冶，所骎骎日进者，乃在政治、学术、工商、兵战之间。呜呼，可谓奇观也已！

复案：天演之学，肇端于地学之僵石、古兽，故其计数，动逾亿年，区区数千年数百年之间，固不足以见其用事也。襄拿破仑第一入埃及时，法人治生学者，多挟其数千年骨董归而验之，觉古今人物，无异可指，造化模范物形，极渐至微，斯可见矣。虽然，物形之变，要皆与外境为对待，使外境未尝变，则宇内诸形，至今如其朔焉可也。惟外境既迁，形处其中，受其逼拶，乃不能不去故以即新。故变之疾徐，常视逼拶者之缓急，不可谓古之变率极渐，后之变率遂常如此而不能速也。即如以欧洲政教、学术、农工、商战数者而论，合前数千年之变，殆不如挽近之数百年，至最后数十年，其变弥厉。故其言曰，耶稣降生二千年时，世界如何，虽至武断人不敢率道也。顾其事有可逆知者：世变无论如何，终当背苦而向乐。此如动植之变，必利其身事者而后存也。至于种胤之事，其理至为奥博难穷，诚有如赫胥氏之说者。即如反种一事，生物累传之后，忽有极似远祖者，出于其间，此虽无数传无由以绝。如至今马种，尚有忽出遍体虎斑，肖其最初芝不拉①野种者②，驴种亦然，此二物同原证也。芝不拉之为驴马，则京垓年代事矣。达尔文畜鸽，亦往往数十传后，忽出石鸽野种也。又每有一种受性偏胜，至牉合得宜，有以相剂，则生子胜于二亲。此生学之理，亦古人所谓男女同姓，其生不蕃，理也。惟牉合有宜不宜，而后瞽瞍生舜，尧生丹朱，而汉高、吕后之悍鸷，乃生孝惠之柔良，可得而微论也。此理所关至巨，非遍读西国生学家书，身考其事数十年，不足以与其秘耳。

---

① 芝不拉，Zebra，今译为斑马。
② 所谓此即《汉书》所云天马。——译者注

导言十七　善　群

今之竞于人群者，非争所谓富贵优厚也耶？战而胜者在上位，持粱啮肥，驱坚策骄，而役使夫其群之众。不胜者居下流，其尤病者乃无以为生，而或陷于刑罔。试合英伦通国之民计之，其战而如是胜者，百人之内，几几得二人焉，其赤贫犯法者，亦不过百二焉。恐议者或以为少也，吾乃以谓百得五焉可乎？然则前所谓天行之虐，所见于此群之中，统而核之，不外二十得一而已。是二十而一者，溘然在泥涂之中，日有寒饥之色，周其一身者，率猥陋不蠲，不足以遂生致养。嫁娶无节，蕃息之易，与圈牢均，故其儿女，虽以贫露多不育者，然其生率常过于死率也。虽然，彼贫贱者，固自为一类也，此二十而一者，固不能于二十而十九者，有选择举错之权也。则群之不进，非其罪也。设今有牧焉，于其千羊之内，简其最下之五十羊，驱而置之硗埆不毛之野，任其弱者自死，强者自存，夫而后驱此后亡者还入其群，以并畜同牧之，是之牧为何如牧乎？此非过事之喻也，不及事之喻也。何则？今吾群之中，是饥寒罹文网者，尚未为最弱极愚之种，如所谓五十羊者也。且今之竞于富贵优厚者，当何如而后胜乎？以经道言之，必其精神强固者也，必勤足赴功者也，必智足以周事、忍足济事者也，又必其人之非甚不仁，而后有外物之感乎，而恒有徒党之己助，此其所以

53

为胜之常理也。然而世有如是之民,竞于其群之中,而又不必胜者则又何也?曰世治之最不幸,不在贤者之在下位而不能升,而在不贤者之在上位而无由降。门第、亲戚、援与、财贿、例故,与夫主治者之不明而自私,之数者皆其沮降之力也。譬诸重浊之物,傅以气胠、木皮,又如不能游者,挟救生之环,此其所以为浮,而非其物之能溯洄兔没以自举而上也。使一日者,取所傅而去之,则本地亲下,必终归于其所。而物竞天择之用,将使一国之众,如一壶之水然。熨之以火,而其中无数莫破质点,暖者自升,冷者旋降,回转周流,至于同温等热而后已。是故任天演之自然,而去其牵沮之力,则一群之众,其战胜而亨,而为斯群之大分者,固不必最宜,将皆各有所宜,以与其群相结。其为数也既多,其合力也自厚,其孳生也自蕃。夫以多数胜少数者,天之道也,而又何虑于前所指二十而一之莠民也哉,此善群进种之至术也。今夫一国之治,自外言之,则有邦交;自内言之,则有民政。邦交、民政之事,必操之聪明强固、勤习刚毅而仁之人,夫而后国强而民富者,常智所与知也。由吾之术,不肖自降,贤者自升,邦交、民政之事,必得其宜者为之主,且与时偕行,流而不滞,将不止富强而已,抑将有进种之效焉。此固人事之足恃,而有功者矣,夫何必择种留良,如园夫之治草木哉?

复案:赫胥黎氏是篇,所谓去其所傅者最为有国者所难能。能则其国无不强其群无不进者,此质家亲亲,必不能也,文家尊尊,亦不能也。惟尚贤课名实者能之。尚贤则近墨，课名实则近于申、商，故其为术，在中国中古以来，罕有用者，而用者乃在今日之西国。英伦民气最伸，故其术最先用，用之亦最有功。如广立民报，而守直言不禁之盟①。保公二党，递主国成，以互相稽察。凡此之为，皆惟恐所傅者不去故也。斯宾塞群学保种公例二，曰："凡物欲种传而盛者，必未成丁以前，所得利益，与其功能作反比例；既成丁之后，所得利益，与功能作正比例，反是者衰灭。"其《群谊篇》立进种大例三：一曰民既成丁，功食相准；二曰民各有畔，不相侵欺；三曰两害相权，已轻群重。此其言乃集希腊、罗马与二百年来格致诸学之大成，而施诸邦国理平之际。有国者安危利菑则亦已耳，诚欲自存，赫、斯二氏之言，殆无以易也。赫所谓去其所傅，与斯所谓功食相准者，言有正负之殊，而其理则一而已矣。

---

① 宋宁宗嘉定七年，英王约翰与其民所立约，名《马格那吒达》，华言大典。——译者注

约翰，John（1167—1216），英国国王，1199—1216 年间在位。

马格那吒达，Magna Charta，今译大宪章。

导言十八　新　反

前言园夫之治园也，有二事焉：一曰设其宜境，以遂群生；二曰芸其恶种，使善者传。自人治而言之，则前者为保民养民之事，后者为善群进化之事。善群进化，园夫之术必不可行，故不可以力致。独主持公道，行尚贤之实，则其治自臻。然古今为治，不过保民养民而已。善群进化，则期诸教民之中，取民同具之明德，固有之知能，而日新扩充之，以为公享之乐利。古之为学也，形气、道德歧而为二，今则合而为一。所讲者虽为道德治化、形上之言，而其所由径术，则格物家所用以推证形下者也。撮其大要，可以三言尽焉：始于实测，继以会通，而终于试验，三者阙一，不名学也，而三者之中，则试验为尤重。古学之逊于今，大抵坐阙是耳。凡政教之所施，皆用此术以考核扬搉之，由是知其事之窒通与能得所祈向否也。天行物竞，既无由绝于两间，诚使五洲有大一统之一日，书车同其文轨，刑赏出于一门，人群太和，而人外之争，尚自若也，过庶之祸，莫可逃也。人种之先，既以自营不仁，而独伸于万物矣，绵传虽远，恶本仍存。呱呱坠地之时，早含无穷为己之性，故私一日不去，争一日不除。争之未除，天行犹用，如日之照，夫何疑焉。假使后来之民，得纯公理而无私欲，此去私者，天为之乎？抑人为之乎？吾今日之智，诚不足以知之。然而一事分明，则今日之民，既相合群而不散处于独矣，苟私过用，则不独必害于其群，亦且终伤其一己，何者？托于群而为群所不容故也。故成己成人之道，必在惩忿窒欲，屈私为群。此其事诚非可乐，而行之其效之美，乃不止于可乐。夫人类自其天秉而观之，则自致智力，加之教化道齐，可日进于无疆之休，无疑义也。然而自夫人之用智用仁，虽圣哲不能无过。自天行终与人治相反，而时时欲毁其成功；自人情之不能无怨怼，而尚觊觎其所必不可几；自夫人终囿于形气之中，其知识无以窥天事之至奥。夫如是而曰人道有极美备之一境，有善而无恶，有乐而无忧，特需时以待之，而其境必自至者，此殆理之所必无，而人道之所以足闵叹也。窃尝谓此境如割锥术中，双曲线之远切线，可日趋于至近，而终不可交。虽然，既生而为人矣，则及今可为之事亦众矣。邃古以来，凡人类之事功，皆所以补天辅民者也。已至者无隳其成功，未至者无怠于精进，而人治与日月俱新，有非前人所梦见者。前事具在，岂不然哉。夫如是以保之，夫如是以将之，然而形气内事，皆抛物线也。至于其极，不得不反，反则大宇之间，又为天行之事。人治以渐，退归无权，我曹何必取京垓世劫以外事，忧海水之少，而以泪益之也哉？

复案：有叩于复者曰：人道以苦乐为究竟乎？以善恶为究竟乎？应之曰：以苦乐为究竟，而善恶则以苦乐之广狭为分，乐者为善，苦者为恶，苦乐者所视以定善恶者也。使苦乐同体，则善恶之界混矣，又乌所谓究竟者乎？曰：然则禹、墨之胼胝非，而桀、跖之恣横是矣。曰：论人道，务通其全而观之，不得以一曲论也。人度量相越远，所谓苦乐，至为不齐。故人或终身汲汲于封殖，或早夜遑遑于利济，当其得之，皆足自乐，此其一也。且夫为人之士，摩顶放踵以利天下，亦谓苦者吾身，而天下缘此而乐者众也。使无乐者，则摩放之为，无谓甚矣。慈母之于子也，劬劳顾恤，若忘其身，母苦而子乐也。至得其所求，母且即苦以为乐，不见苦也。即如婆罗旧教苦行熏修，亦谓大苦之余，偿我极乐，而后从之。然则人道所为，皆背苦而趋乐，必有所乐，始名为善，彰彰明矣。故曰善恶以苦乐之广狭分也。然宜知一群之中，必彼苦而后此乐，抑己苦而后人乐者，皆非极盛之世。极盛之世，人量各足，无取挹注，于斯之时，乐即为善，苦即为恶，故曰善恶视苦乐也。前吾谓西国计学为亘古精义、人理极则者，亦以其明两利为真利耳。由此观之，则赫胥氏是篇所称屈己为群为无可乐，而其效之美，不止可乐之语，于理荒矣。且吾不知可乐之外，所谓美者果何状也。然其谓郅治如远切线，可近不可交，则至精之譬。又谓世间不能有善无恶，有乐无忧，二语亦无以易。盖善乐皆对待意境，以有恶忧而后见，使无后二，则前二亦不可见。生而瞽者不知有明暗之殊，长处寒者不知寒，久处富者不欣富，无所异则即境相忘也。曰：然则郅治极休，如斯宾塞所云云者，固无有乎？曰：难言也。大抵宇宙究竟与其元始，同于不可思议。不可思议云者，谓不可以名理论证也。吾党生于今日，所可知者，世道必进，后胜于今而已。至极盛之秋，当见何象，千世之后，有能言者，犹旦暮遇之也。

58

卷下　论十七篇

论一　能实

　　道每下而愈况，虽在至微，尽其性而万物之性尽，穷其理而万物之理穷，在善用吾知而已矣，安用骛远穷高然后为大乎①。今夫策两缄以为郛，一房而数子，瞀然不盈匊之物也。然使艺者不违其性，雨足以润之，日足以暄之，则无几何，其力之内蕴者敷施，其质之外附者翕受，始而萌芽，继乃引达，俄而布蕚，俄而坚熟，时时蜕其旧而为新，人弗之觉也，觉亦弗之异也。睹非常则惊，见所习则以为不足察，此终身由之而不知其道者，所以众也。夫以一子之微，忽而有根荄、支干、花叶、果实，非一曙之事也。其积功累勤，与人事之经营裁斫，异而实未尝异也。一鄂一柎，极之微尘质点，其形法模式，苟谛而视之，其结构勾联，离娄历鹿，穷精极工矣，又皆有不易之天则，此所谓至赜而不可乱者也。一本之植也，析其体则为分官，合其官则为具体。根干以吸土膏也，支叶以收炭气也，色非虚设也，形不徒然也②，翕然通力合作，凡以遂是物之生而已。是天工也，特无为而成，有真宰而不得其眹耳。今者一物

---

　　①　柏庚首为此言。其言曰，格致之事，凡为真宰之所笃生，斯为吾人之所应讲。天之生物，本无贵贱轩轾之心，故以人意轩轾贵贱之者，其去道固已远矣，尚何能为格致之事乎？——译者注

　　柏庚，今译培根。

　　②　草木有绿精，而后得日光，能分炭于炭养。——译者注

之生，其形制之巧密既如彼，其功用之美备又如此，顾天乃若不甚惜焉者，蔚然茂者浸假而凋矣，荧然晖者浸假而瘁矣，夷伤黄落，荡然无存。存者仅如他日所收之实，复以函生机于无穷，至哉神乎！其生物不测有若是者。今夫易道周流，耗息迭用，所谓万物一圈者，无往而不遇也。不见小儿抛埴者乎？过空成道，势若垂弓，是名抛物曲线①，从其渊而平分之，前半扬而上行，后半陁而下趋。此以象生理之从虚而息，由息乃盈，从盈得消，由消反虚。故天演者如网如罟。又如江流然，始滥觞于昆仑，出梁益，下荆扬，洋洋浩浩，趋而归海，而兴云致雨，则又反宗。始以易简，伏变化之机，命之曰储能。后渐繁殊，极变化之致，命之曰效实。储能也，效实也，合而言之天演也。此二仪之内，仰观俯察，远取诸物，近取诸身，所莫能外也。希腊理家额拉吉来图②有言：世无今也，有过去有未来，而无现在。譬诸濯足长流，抽足再入，已非前水，是混混者未尝待也。方云一事为今，其今已古。且精而核之，岂仅言之之时已哉，当其涉思，所谓今者，固已逝矣。③今然后知静者未觉之动也，平者不喧之争也。群力交推，屈申相报，众流汇激，胜负迭乘，广宇悠宙之间，长此摩荡运行而已矣。天有和音，地有成器，显之为气为力，幽之为虑为神。物乌乎凭而有色相？心乌乎主而有觉知？

---

　　① 此线乃极狭椭圆两端，假如物不为地体所隔，则将行绕地心，复还所由。抛本处成一椭圆。其二脐点一即地心，一在地平以上，与相应也。——译者注

　　② 额拉吉来图，Heraclitus，今译赫拉克利特。

　　③ 赫胥黎他日亦言，人命如水中漩洑，虽其形暂留，而漩中一切水质刻刻变易，一时推为名言。仲尼川上之叹又曰，回也见新，交臂已故。东西微言，其同若此。——译者注

62

将果有物焉，不可名，不可道，以为是变者根耶？抑各本自然，而不相系耶？自麦西①希腊以来，民智之开，四千年于兹矣，而此事则长夜漫漫，不知何时旦也。

　　复案：此篇言植物由实成树，树复结实，相为生死，如环无端，固矣。而晚近生学家，谓有生者如人禽虫鱼草木之属，为有官之物，是名官品；而金石水土无官曰非官品。无官则不死，以未尝有生也。而官品一体之中，有其死者焉，有其不死者焉。而不死者，又非精灵魂魄之谓也。可死者甲，不可死者乙，判然两物。如一草木，根荄支干，果实花叶，甲之事也，而乙则离母而转附于子，绵绵延延，代可微变，而不可死。或分其少分以死，而不可尽死，动植皆然。故一人之身，常有物焉，乃祖父之所有，而托生于其身，盖自受生得形以来，递嬗迤转，以至于今，未尝死也。

---

　　① 麦西，Moses，今译摩西。

论二 忧患

大地抟抟，诸教杂糅。自顶蛙拜蛇，迎尸范偶，以至于一宰无神，贤圣之所诏垂，帝王之所制立，司徒之有典，司寇之有刑，虽旨类各殊，何一不因畏天坊民而后起事乎？疾痛惨怛，莫知所由。然爱恶相攻，致憾于同种，神道王法，要终本始，其事固尽从忧患生也。然则忧患果何物乎？其物为两间所无可逃，其事为天演所不可离。可逃可离，非忧患也。是故忧患者，天行之用，施于有情，而与知虑并著者也。今夫万物之灵，人当之矣。然自非能群，则天秉末由张皇，而最灵之能事不著。人非能为群也，而不能不为群。有人斯有群矣，有群斯有忧患矣，故忧患之浅深，视能群之量为消长。方其混沌僿野，与鹿豕同，谓之未尝有忧患焉，蔑不可也。进而穴居巢处，有忧患矣，而未撄。更进而为射猎，为游牧，为猺獠，为蛮夷，撄矣而犹未至也。独至伦纪明，文物兴，宫室而耕稼，丧祭而冠婚，如是之民，夫而后劳心钬心，计深虑远，若天之胥靡而不可弛耳。咸其自至，而虐之者谁欤？夫转移世运，非圣人之所能为也。圣人亦世运中之一物也。世运至而后圣人生，世运铸圣人，非圣人铸世运也。使圣人而能为世运，则无所谓天演者矣。民之初生，固禽兽也，无爪牙以资攫拏，无毛羽以御寒暑，比之鸟则以手易翼而无与于飞，方之兽则减四为二而不足于走。夫如是之生，而与草木禽兽樊然杂居，乃岿然独存于物竞最烈之后，且不仅自存，直褒然有以首出于庶物。则人于万类之中，独具最宜而有以制胜也审矣。岂徒灵性有足恃哉？亦由自营之私奋耳。然则不仁者，今之所谓凶德，而夷考其始，乃人类之所恃以得生。深于私，果于害，夺焉而无所与让，执焉而无所于舍，此皆所恃以为胜也。是故浑荒之民，合狙与虎之德而兼之，形便机诈，好事效尤，附之以合群之材，重之以贪戾、狠骛、好胜、无所于屈之风。少一焉，其能免于阴阳之患，而不为外物所吞噬残灭者寡矣。而孰知此所恃以胜物者，浸假乃转以自伐耶？何以言之？人之性不能不为群，群之治又不能不日进，群之治日进，则彼不仁者之自伐亦日深。人之始与禽兽杂居者，不知其几千万岁也。取于物以自养，习为攘夺不仁者，又不知其几千百世也。其习之于事也既久，其染之于性也自深，气质镕成，流为种智，其治化虽进，其萌枿仍存。嗟夫！此世之所以不善人多而善人少。夫自营之德，宜为散不宜为群，宜于乱不宜于治，人之所深知也。昔之所谓狙与虎者，彼非不欲其尽死，而化为麟凤、驺虞也，而无如是狒狒、眈眈者卒不可以尽伏。向也资二者之德而乐利之矣，乃今试尝用之，则乐也每不胜其忧，利也常不如其害。凶德之为虐，较之阴阳外物之患，不啻过之。由是悉取其类揭其名而僇之，曰过、曰恶、曰罪、曰孽；又不服，则鞭笞之，放流之，刀锯之，铁钺之。甚矣哉！群之治既兴，是狙与虎之无益于人，而适用以自伐也，而孰谓其始之固赖是以存乎？是故忧患之来，其本诸阴阳者犹之浅也，而缘诸人事者乃至深。六合之内，天演昭回，其奥衍美丽，可谓极矣，而忧患乃与之相尽。治化之兴，果有以祛是忧患者乎，将人之所为，与天之所演者，果有合而可奉时不违乎？抑天人互殊，二者之事，固不可以终合也？

论三　教　源

　　大抵未有文字之先，草昧敦庞，多为游猎之世。游故散而无大群，猎则戕杀而鲜食，凡此皆无化之民也。迨文字既兴，斯为文明之世，文者言其条理也，明者异于草昧也。出草昧，入条理，非有化者不能，然化有久暂之分，而治亦有偏赅之异。自营不仁之气质，变化綦难，而仁让乐群之风，渐摩日浅，势不能以数千年之磨洗，去数十百万年之沿习，故自有文字洎今，皆为嬗蜕之世，此言治者所要知也。考天演之学，发于商周之间，欧亚之际，而大盛于今日之泰西。此由人心之灵，莫不有知，而死生荣悴，昼夜相代夫前，妙道之行，昭昭若揭日月。所以先觉之俦，玄契同符，不期自合，分途异唱，殊致同归。凡此二千五百余载中，泰东西前识大心之所得，微言具在，不可诬也。虽然，其事有浅深焉。昔者姬周之初，额里思[①]、身毒诸邦，抢攘昏垫，种相攻灭。迨东迁以还，二土治化，稍稍出矣。盖由来礼乐之兴，必在去杀胜残之后，民惟安生乐业，乃有以自奋于学问思索之中，而不忍于芸芸以生，昧昧以死。前之争也，争夫其所以生；后之争也，争夫其不虚生。其更进也，则争有以充天秉之能事，而无与生俱尽焉。善夫柏庚之言曰：学者

―――――――――

　　① 额里思，Greece，今译希腊。

何？所以求理道之真；教者何？所以求言行之是。然世未有理道不真而言行能是者。东洲有民，见蛇而拜，曰是吾祖也。使真其祖，则拜之是矣，而无如其误也。是故教与学相衡，学急于教。而格致不精之国，其政令多乖，而民之天秉郁矣。由柏氏之语而观之，吾人日讨物理之所以然，以为人道之所当然，所孜孜于天人之际者，为事至重，而岂游心冥漠，勤其无补也哉？顾争生已大难，此微论蹄迹交午之秋，击鲜艰食之世也。即在今日，彼持肥曳轻，而不以生事为累者，什一千百而外，有几人哉！至于过是所争，则其愿弥奢，其道弥远，其识弥上，其事弥勤。凡为此者，乃贤豪圣哲之徒，国有之而荣，种得之而贵，人之所赖以日远禽兽者也。可多得哉！可多得哉！然而意识所及，既随格致之业，日以无穷。而吾生有涯，又不能不远瞩高瞻。要识始之从何来，终之于何往，欲通死生之故，欲通鬼神之情状，则形气限之。而人海茫茫，弥天忧患，欲求自度于缺憾之中，又常苦于无术。观摩揭提①标教于苦海，爱阿尼②诠旨于逝川，则知忧与生俱，古之人不谋而合。而疾痛劳苦之事，乃有生对待，而非世事之傥来也。是故合群为治，犹之艺果莳花，而声明、文物之末流，则如唐花之暖室。何则？文胜则饰伪世滋，声色味意之可欣日侈，而聋盲爽发狂之患，亦以日增。其聪明既出于颛愚，其感慨于性情之隐者，亦微渺而深挚。是以乐生之事，虽酖郁闲都，雍容多术，非僿野者所与知。而哀情中生，其中之之深，

---

　　①　摩揭提，佛教护法神之一帝释天的前生。

　　②　爱阿尼，Ionia，今译爱奥尼亚，小亚细亚沿岸地名。其境内爱非斯为赫拉克利特出生地。此处严复以地名代指其人。

68

亦较朴鄙者为尤酷。于前事多无补之悔吝，于来境深不测之忧虞。空想之中，别生幻结，虽谓之地狱生心，不为过也。且高明荣华之事，有大贼焉，名曰倦厌。烦忧郁其中，气力耗于外，倦厌之情，起而乘之，则向之所欣，俯仰之间，皆成糟粕，前愈酣至，后愈不堪。及其终也，但觉吾生幻妄，一切无可控揣，而尚犹恋恋为者，特以死之不可知故耳。呜呼！此释、景、犹①、回诸教所由兴也。

复案：世运之说，岂不然哉！合全地而论之，民智之开，莫盛于春秋战国之际：中土则孔墨老庄孟荀，以及战国诸子，尚论者或谓其皆有圣人之才。而泰西则有希腊诸智者。印度则有佛。佛生卒年月，迄今无定说。摩腾对汉明帝云：生周昭王廿四年甲寅，卒穆王五十二年壬申。隋翻经学士费长房撰《开皇三宝录》，云生鲁庄公七年甲午，以春秋恒星不见，夜明陨如雨为瑞应。周匡王五年癸丑示灭。什法师年纪及石柱铭云：生周桓王五年乙丑，周襄王十五年甲申灭度。此外有云佛生夏桀时，商武乙时，周平王时者，莫衷一是。独唐贞观三年，刑部尚书刘德威等与法琳奉诏详核，定佛生周昭丙寅，周穆壬申示灭。然周昭在位十九年，无丙寅岁，而汉摩腾所云二十四年亦误，当是二人皆指十四年甲寅而传写误也。今年太岁在丁酉，去之二千八百六十五年，佛先耶稣生九百六十八年也。挽近西

---

① 犹指犹太教。

士于内典极讨论，然于佛生卒，终莫指实，独云先耶稣生约六百年耳。依此则费说近之。佛成道当在定、哀间，与宣圣为并世。岂夜明诸异，与佛书所谓六种震动、光照十方国土者同物钦？鲁与摩揭提东西里差，仅三十余度，相去一时许，同时睹异，容或有之。至于希腊理家，德黎[①]称首，生鲁厘二十四年，德，首定黄赤大距、逆策日食者也。亚诺芝曼德[②]生鲁文十七年，毕达哥拉斯[③]生鲁宣间。毕，天算鼻祖，以律吕言天运者也。芝诺芬尼[④]生鲁文七年，创名学。巴弥匿智[⑤]生鲁昭六年。般剌密谛生鲁定十年。额拉吉来图生鲁定十三年，首言物性者。安那萨哥拉[⑥]，安息人，生鲁定十年。德摩颉利图[⑦]生周定王九年，倡莫破质点之说。苏格拉第[⑧]生周元王八年，专言性理道德者也。亚里大各，一名柏拉图，生周考王十四年，理家最著号。亚里

---

① 德黎，Thales，今译泰勒斯（约前642—前546）。古希腊哲学家"七贤"之一。西方史上第一个有文字留传下来的哲学家、自然科学家，被奉为科学之祖，爱奥尼亚学派的创始人。

② 亚诺芝曼德，Anaximander，今译安纳西曼德（前611—前547），希腊天文学家、自然哲学家。

③ 毕达哥拉斯，Pythagoras，生于公元前582至580年间，卒于公元前500年左右，古希腊哲学家、数学家。

④ 芝诺芬尼，Xenophanes，今译色诺芬尼，约公元前570至公元前470年间人。古希腊哲学家、诗人、历史学家。传为巴门尼德的老师。

⑤ 巴弥匿智，Parmenides，今译巴门尼德。生活于公元前6世纪至公元前5世纪。古希腊哲学家。

⑥ 安那萨哥拉，Anaxagoras，今译阿那克萨戈拉（约前500—前428），古希腊哲学家。原子唯物论的思想先驱。

⑦ 德摩颉利图，Democritus，今译德谟克利特（约前460—前370），古希腊唯物主义哲学家，原子唯物论学说创始人之一。

⑧ 苏格拉第，Socrates，今译苏格拉底。

斯大德①生周安王十八年，新学未出以前，其为西人所崇信，无异中国之孔子②。此外则伊壁鸠鲁③生周显二十七年，芝诺④生周显三年，倡斯多噶⑤学，而以阿塞西烈⑥生周赧初年，卒始皇六年者终焉。盖至是希学支流亦稍湮矣。尝谓西人之于学也，贵独获创知，而述古循辙者不甚重。独有周上下三百八十年之间，创知作者，迭出相雄长，其持论思理，范围后世，至于今二千年不衰。而当其时一经两海，崇山大漠，舟车不通，则又不可以寻常风气论也。呜呼，岂偶然哉！世有能言其故者，虽在万里，不佞将裹粮挟贽从之矣。

---

① 亚里斯大德，Aristotle，今译亚里士多德。

② 苏格拉第、柏拉图、亚里斯大德者，三世师弟子，各推师说，标新异为进，不墨守也。——译者注

③ 伊壁鸠鲁，Epicurus（前341—前270），古希腊哲学家，无神论者，伊壁鸠鲁学派创始人。

④ 芝诺，Zeno（约前490—前425），数学家，哲学家，斯多葛学派创始人。

⑤ 斯多噶，今译斯多葛。

⑥ 阿塞西烈，Arcesilaus，今译阿塞西劳斯（前315—前241），希腊哲学家，中期学园派创立人。

论四　严　意

欲知神道设教之所由兴，必自知刑赏施报之公始。使世之刑赏施报，未尝不公，则教之兴不兴未可定也。今夫治术所不可一日无，而由来最尚者，其刑赏乎？刑赏者，天下之平也，而为治之大器也。自群事既兴，人与人相与之际，必有其所共守而不畔者，其群始立。其守弥固，其群弥坚；畔之或多，其群乃涣。攻窳、强弱之间，胥视此所共守者以为断，凡此之谓公道。泰西法律之家，其溯刑赏之原也，曰民既合群，必有群约。且约以驭群，岂惟民哉。彼狼之合从以逐鹿也，飙逝霆击，可谓暴矣，然必其不互相吞噬而后行。是亦约也，岂必载之简书，悬之象魏哉？隤然默喻，深信其为公利而共守之已矣。民之初群，其为约也大类此。心之相喻为先，而文字言说，皆其后也。其约既立，有背者则合一群共诛之，其不背约而利群者，亦合一群共庆之。诛、庆各以其群。初未尝有君公焉，临之以贵势尊位，制为法令，而强之使从也。故其为约也，实自立而自守之，自诺而自责之，此约之所以为公也。夫刑赏皆以其群，而本众民之好恶为予夺，故虽不必尽善，而亦无由奋其私。私之奋也，必自刑赏之权统于一尊始矣。尊者之约，非约也，令也。约行于平等，而令行于上下之间，群之不约而有令也，由民之各私势力，而小役大，弱役强也。无宁惟是，群日以益大矣，民日以益蕃矣！智愚贤不肖之至不齐，政令之所以行，刑罚之所以施，势不得家平而户论也，则其权之日由多而趋寡，由分而入专者，势也。且治化日进，而通功易事之局成，治人治于人，不能求之一身而备也。矧文法日繁，国闻日富，非以为专业者不暇给也。于是则有业为治人之人，号曰士君子，而是群者亦以其约托之使之，专其事而行之，而公出赋焉，酬其庸以为之养，此古今化国之通义也。后有霸者，乘便篡之，易一己奉群之义，为一国奉己之名，久假而不归，乌知非其有乎？挽近数百年，欧罗巴君民之争，大率坐此。幸今者民权日伸，公治日出，此欧洲政治所以非余洲之所及也。虽然，亦复其本所宜然而已。且刑赏者，固皆制治之大权也，而及其用之也，则刑严于赏，刑罚世轻世重，制治者，有因时扶世之用焉。顾古之与今，有大不可同者存，是不可以不察也。草昧初民，其用刑也，匪所谓诛意者也。课夫其迹，未尝于隐微之地，加诛求也。然刑者期无刑，而明刑皆以弼教，是故刑罚者，群治所不得已，非于刑者有所深怒痛恨，必欲推之于死亡也。亦若曰，子之所为不宜吾群，而为群所不容云尔。凡以为将然未然者，谋其已然者，固不足与治，虽治之犹无益也。夫为将然未然者谋，则不得不取其意而深论之矣。使但取其迹而诛之，则慈母之折菱，固可或死其子，途人之抛堉，亦可或杀其邻。今悉取以入"杀人者死"之条，民固将诿于不幸而无辞，此于用刑之道，简则简矣，而求其民日迁善，不亦难哉！何则？过失不幸者，非民之所能自主也，故欲治之克蒸，非严于怙故过眚之分必不可。刑必当其自作之孽，赏必加其好善之真，夫而后惩劝行，而有移风易俗之效。杀人

73

固必死也，而无心之杀，情有可论，则不与谋故者同科。论其意而略其迹，务其当而不严其比，此不独刑罚一事然也。朝廷里党之间，所以予夺毁誉，尽如此矣。

论五 天 刑

　　今夫刑当罪而赏当功者，王者所称天而行者也。建言有之，天道福善而祸淫，"惠迪吉，从逆凶，惟影响"。吉凶祸福者，天之刑赏欤？自所称而言之，宜刑赏之当，莫天若也。顾僭滥过差，若无可逃于人责者，又何说耶？请循其本。今夫安乐危苦者，不徒人而有是也，彼飞走游泳，固皆同之。诚使安乐为福，危苦为祸，祸者有罪，福者有功，则是飞走游泳者何所功罪，而天祸福之耶？应者曰否否！飞走游泳之伦，固天所不恤也。此不独言天之不广也，且何所证而云天之独厚于人乎？就如所言，而天之于人也又何如？今夫为善者之不必福，为恶者之不必祸，无文字前尚矣，不可稽矣。有文字来，则真不知凡几也。贪狠暴虐者之兴，如孟夏之草木，而谨愿慈爱，非中正不发愤者，生丁槁饿，死罹刑罚，接踵比肩焉。且祖父之余恶，何为降受之以子孙？愚无知之蒙殃，何为不异于怙贼？一二人狂瞽偾事，而无辜善良，因之得祸者，动以国计，刑赏之公，固如此乎？呜呼！彼苍之愦愦，印度、额里思、斯迈特[1]三土之民，知之审矣。乔答摩[2]悉昙[3]之章，旧约约伯之记，与鄂谟[4]之所哀歌，其言天之不吊，何相类也。大水溢，

---

　　① 斯迈特，Semite，今译闪米特。
　　② 乔答摩，Gautama，释迦牟尼本姓。
　　③ 悉昙，Sutras，本指梵文字母，此泛指佛经。
　　④ 鄂谟或作贺麻，额里思古诗人。——译者注
　　Homer，今译荷马。

火山流，饥馑厉疫之时行，计其所戕，虽桀纣所为，方之蔑尔！是岂尽恶，而祸之所应加者哉？人为帝王，动云天命矣。而青吉斯[①]凶贼不仁，杀人如剃，而得国幅员之广，两海一经。伊惕卜思[②]，义人也。乃事不自由，至手刃其父，而妻其母。罕木勒特[③]，孝子也。乃以父仇之故，不得不杀其季父，辱其亲母，而自剚刃于胸。此皆历生人之至痛极酷，而非其罪者也。而谁则尸之？夫如是尚得谓冥冥之中，高高在上，有与人道同其好恶，而操是奖善瘅恶者衡耶？有为动物之学者，得鹿，剖而验之，韧肋而便体，远闻而长胫。喟然曰：伟哉夫造化！是赋之以善警捷足，以远害自完也。他日又得狼，又剖而验之，深喙而大肺，强项而不疲。怃然曰：伟哉夫造化！是赋之以猛鸷有力，以求食自养也。夫苟自格致之事而观之，则狼与鹿二者之间，皆有以觇造物之至巧，而无所容心于其间。自人之意行，则狼之为害，与鹿之受害，厘然异矣。方将谓鹿为善为良，以狼为恶为虐，凡利安是鹿者，为仁之事，助养是狼者，为暴之事，然而是二者皆造化之所为也。譬诸有人焉，其右手操兵以杀人，其左能起死而肉骨之。此其人，仁耶暴耶？善耶恶耶？自我观之，非仁非暴，无善无恶，彼方超夫二者之间，而吾乃规规然执二者而功罪之，去之远矣。是故用古德之说，而谓理原于天，则吾将使"理"坐堂上而听断，将见是天行者，已自为其戎首罪魁，

---

① 青吉斯即成吉思汗。
② 伊惕卜思事见希腊旧史，盖幼为父弃，他人收养，长不相知者也。——译者注
伊惕卜思，Oedipus，今译俄狄浦斯。
③ 罕木勒特，Hamlet，今译哈姆雷特。

而无以自解于万物，尚何能执刑赏之柄，猥曰：作善，降之百祥；作不善，降之百殃也哉？

复案：此篇之理，与《易传》所谓乾坤之道鼓万物，而不与圣人同忧，《老子》所谓天地不仁，同一理解。老子所谓不仁，非不仁也，出乎仁不仁之数，而不可以仁论也。斯宾塞尔著天演公例，谓教学二宗，皆以不可思议为起点，即竺乾所谓不二法门者也。其言至为奥博，可与前论参观。

论六 佛 释

　　天道难知既如此矣，而伊古以来，本天立教之家，意存夫救世，于是推人意以为天意，以为天者万物之祖，必不如是其梦梦也，则有为天讼直者焉。夫享之郊祀，讯之以蓍龟，则天固无往而不在也。故言灾异者多家，有君子，有小人，而谓天行所昭，必与人事相表里者，则靡不同焉。顾其言多傅会回穴，使人失据。及其蔽也，则各主一说，果敢酷烈，相屠戮而乱天下，甚矣诬天之不可为也。宋元以来，西国物理日辟，教祸日销，深识之士，辨物穷微，明揭天道必不可知之说，以戒世人之笃于信古、勇于自信者。远如希腊之波尔仑尼，近如洛克[①]、休蒙[②]、汗德[③]诸家，反复推明，皆此志也。而天竺之圣人曰佛陀者，则以是为不足驾说竖义，必从而为之辞，于是有轮回因果之说焉。夫轮回因果之说何？一言蔽之，持可言之理，引不可知之事，以解天道之难知已耳。今夫世固无所逃于忧患，而忧患之及于人人，犹雨露之加于草木。自其可见者而言之，则天固未尝微别善恶，而因以予夺，损益于其间也。佛者曰：此其事有因果焉。是因果者，人所自为，谓曰天未尝与焉，蔑不

---

　　① 洛克 (1632—1704)，英国哲学家，经验学派代表人物。

　　② 休蒙，Hume，今译休谟 (1711—1776)，英国著名哲学家，主张怀疑论。

　　③ 汗德，Kant，今译康德 (1724—1804)，德国著名哲学家。

可也。生有过去，有现在，有未来，三者首尾相衔，如锒铛之环，如鱼网之目。祸福之至，实合前后而统计之，人徒取其当前之所遇，课其盈绌焉，固不可也。故身世苦乐之端，人皆食其所自播殖者。无无果之因，亦无无因之果，今之所享受者，不因于今，必因于昔；今之所为作者，不果于现在，必果于未来。当其所值，如代数之积，乃合正负诸数而得其通和也。必其正负相抵，通和为无，不数数之事也，过此则有正余焉，有负余焉。所谓因果者，不必现在而尽也，负之未偿，将终有其偿之之一日。仅以所值而可见者言之，则宜祸者或反以福，宜吉者或反以凶，而不知其通核相抵之余，其身之尚有大负也。其伸缩盈肭之数，岂凡夫所与知者哉？自婆罗门以至乔答摩，其为天讼直者如此。此微论决无由审其说之真妄也，就令如是，而天固何如是之不惮烦？又何所为而为此？则亦终不可知而已。虽然，此所谓持之有故，言之成理者欤？遽斥其妄，而以卤莽之意观之，殆不可也。且轮回之说，固亦本之可见之人事、物理以为推，即求之日用常行之间，亦实有其相似。此考道穷神之士，所为乐反覆其说，而求其义之所底也。

论七　种　业

　　理有发自古初，而历久弥明者，其种姓之说乎？先民有云：子孙者，祖父之分身也。人声容气体之间，或本诸父，或禀诸母，凡荟萃此一身之中，或远或近，实皆有其由来。且岂惟是声容气体而已，至于性情为尤甚。处若是境，际若是时，行若是事，其进退取舍，人而不同者，惟其性情异耳，此非偶然而然也，其各受于先，与声容气体，无以异也。方孩稚之生，其性情隐，此所谓储能者也。浸假是储能者，乃著而为效实焉，为明为暗，为刚为柔，将见之于言行，而皆可实指矣。又过是则有牝牡之合，苟具一德，将又有他德者与之汇，以深浅、酴醾之。凡其性情与声容气体者，皆经杂糅以转致诸其胤。盖种姓之说①，由来旧矣。顾竺乾之说，与此微有不同者，则吾人谓父母子孙，代为相传，如前所指，而彼则谓人有后身，不必孙子，声容气体，粗者固不必传，而性情德行，凡所前积者，则合揉剂和，成为一物，名曰喀尔摩②，又曰羯磨，译云种业。种业者，不必专言罪恶，乃功罪之通名，善恶之公号。人惟入泥洹灭度者，可免轮回，永离苦趣，否则善恶虽殊，要皆由此无明，转成业识。造一切业，薰为种子，种必有果，果复生子，轮转生死，无有

————————

　　①　种姓之说，Heredity，即遗传说。
　　②　喀尔摩，Karma。

穷期，而苦趣亦与俱永，生之与否，固不可离而二也。盖彼欲明生类舒惨之所以不齐，而现前之因果，又不足以尽其所由然，用是不得已而有轮回之说。然轮回矣，使甲转为乙，而甲自为甲，乙自为乙，无一物焉以相受于其间，则又不足以伸因果之说也。于是而羯磨种业之说生焉。所谓业种自然，如恶叉聚者，即此义也。曰恶叉聚者，与前合揉剂和之语同意。盖羯磨世以微殊，因夫过去矣，而现在所为，又可使之进退，此彼学所以重薰修之事也。薰修证果之说，竺乾以此为教宗，而其理则尚为近世天演家所聚讼。夫以受生不同，与修行之得失，其人性之美恶，将由此而有扩充消长之功，此诚不诬之说。顾云是必足以变化气质，则尚有难言者。世固有毕生刻厉，而育子不必贤于其亲，抑或终身惛淫，而生孙乃远胜于厥祖。身则善矣恶矣，而气质之本然，或未尝变也，薰修勤矣，而果则不必证也。由是知竺乾之教，独谓薰修为必足证果者，盖使居养修行之事，期于变化气质，乃在或然或否之间，则不徒因果之说，将无所施，而吾生所恃以自性自度者，亦从此而尽废。而彼所谓超生死出轮回者，又乌从以致其力乎？故竺乾新旧二教，皆有薰修证果之言，而推其根源，则亦起于不得已也。

　　复案：三世因果之说，起于印度，而希腊论性诸家，惟柏拉图与之最为相似。柏拉图之言曰：人之本初，与天同体，所见皆理而无气质之私。以有违误，谪遣人间，既被形气，遂迷本来。然以堕落方新，故有触便悟，易于迷复，此有凤根人所以参理易契也。因其因悟加功，幸而明心见性，洞识本来，则一世之后，可复初位，仍享极乐。使其因迷增迷，则由贤转愚，去天滋远，人道既尽，乃入下生，下生之中，亦有差等，大抵善则上升，恶则下降，去初弥远，复天愈难矣。其说如此。复意：希、印两土相近，柏氏当有沿袭而来。如宋代诸儒言性，其所云明善复初诸说，多根佛书。顾欧洲学者，辄谓柏氏所言，为标己见，与竺乾诸教，绝不相谋。二者均无确证，姑存其说，以俟贤达取材焉。

论八　冥往

考竺乾初法，与挽近斐洛苏非①所明，不相悬异。其言物理也，皆有其不变者为之根，谓之曰真、曰净。真净云者，精湛常然，不随物转者也。净不可以色、声、味、触接，可以色、声、味、触接者，附净发现，谓之曰应、曰名。应名云者，诸有为法，变动不居，不主故常者也。宇宙有大净曰婆罗门，而即为旧教之号。其分赋人人之净曰阿德门②，二者本为同物。特在人者，每为气禀所拘，官骸所囿，而嗜欲哀乐之感，又丛而为其一生之幻妄，于是乎本然之体，有不可复识者矣。幻妄既指以为真，故阿德门缠缚沉沦，回转生死，而末由自拔。明哲悟其然也，曰身世既皆幻妄，而凡困苦、僇辱之事，又皆生于自为之私，则何如断绝由缘，破其初地之为得乎？于是则绝圣弃智，惩忿窒欲，求所谓超生死而出轮回者。此其道无他，自吾党观之，直不游于天演之中，不从事于物竞之纷纶已耳。夫羯摩种业，既借薰修锄治而进退之矣，凡粗浊贪欲之事，又可由是而渐消，则所谓自营为己之深私，与夫恶死蕲生之大惑，胥可由此道焉而脱其梏也。然则世之幻影，将有时而销，生之梦泡，将有时

---

① 译言爱智。——译者注

斐洛苏非，Philosopy，即哲学。此词由希腊语 philos 及 sophia 二语合成。前者之义为爱，后者之义为知。故斐洛苏非有爱慕知识之义。

② 阿德门，Atman。

而破，既破既销之后，吾阿德门之本体见，而与明通公溥之婆罗门合而为一。此旧教之大旨，而佛法未出之前，前识之士所用以自度之术也。顾其为术也，坚苦刻厉，肥遁陆沉，及其道之既成，则冥然罔觉，顽尔无知。自不知者观之，则与无明失心者无以异也。虽然，其道则自智以生，又必赖智焉以运之。譬诸炉火之家，不独于黄白铅汞之性，深知晓然，又必具审度之能，化合之巧，而后有以期于成而不败也。且其事一主于人，而于天焉无所与。运如是智，施如是力，证如是果，其权其效，皆薰修者所独操，天无所任其功过，此正后人所谓自性自度者也。由今观昔，乃知彼之冥心孤往，刻意修行，诚以谓生世无所逃忧患，且苦海舟流，匪知所届。然则冯生保世，徒为弱丧而不知归，而捐生薪死，其惑未必不滋甚也。幸今者大患虽缘于有身，而是境悉由于心造，于是有娀心之术焉：凡吾所系悬于一世，而为是心之纠缠者，若田宅，若亲爱，若礼法，若人群，将悉取而捐之，甚至生事之必需，亦裁制抑啬，使之仅足以存而后已。破坏穷乞，佯狂冥痴，夫如是乃超凡离群，与天为徒也。婆罗门之道，如是而已。

论九 真 幻

迨乔答摩①肇兴天竺，誓拯群生，其宗旨所存，与旧教初不甚远。独至缮性反宗，所谓修阿德门以入婆罗门者，乃若与之迥别。旧教以婆罗门为究竟，其无形体，无方相，冥灭灰槁，可谓至矣。而自乔答摩观之，则以为伪道魔宗，人入其中，如投罗网。盖婆罗门虽为元同止境，然但使有物尚存，便可堕入轮转，举一切人天苦趣，将又炽然而兴，必当并此无之，方不授权于物，此释迦氏所为迥绝恒蹊，都忘言议者也。往者希腊智者，与挽近西儒之言性也，曰一切世法，无真非幻，幻还有真。何言乎无真非幻也？山河大地，及一切形气思虑中物，不能自有，赖觉知而后有，见尽色绝，闻塞声亡。且既赖觉而存，则将缘官为变，目劳则看朱成碧，耳病则蚁斗疑牛，相固在我，非著物也，此所谓无真非幻也。何谓幻还有真？今夫与我接者，虽起灭无常，然必有其不变者以为之根，乃得所附而著，特舍相求实，舍名求净，则又不得见耳。然有实因，乃生相果，故无论粗为形体，精为心神，皆有其真且实者，不变长存，而为是幻且虚者之所主。是知造化必有真宰，字曰上帝，吾人必有真性，称曰灵魂，此所谓幻还有真也。前哲之说，可谓精矣，

---

① 乔答摩或作昙弥，或作俱谭，或作瞿昙，一音之转，乃佛姓也。《西域记》本星名，从星立称，代为贵姓，后乃改为释迦。——译者注

然而人为形气中物，以官接象，即意成知，所了然者，无法非幻已耳。至于幻还有真与否，则断断乎不可得而明也。前人已云，舍相求实，不可得见矣，可知所谓真实、所谓不变长存之主，若舍其接时生心者以为言，则亦无从以指实。夫所谓迹者，履之所出，不当以迹为履固也，而如履之卒不可见何？所云见果知因者，以他日尝见是因，从以是果故也。今使从元始以来，徒见有果，未尝见因，则因之存亡，又乌从察？且即谓事止于果，未尝有因，如晚近比圭黎①所主之说者，又何所据以排其说乎？名学家穆勒②氏喻之曰：今有一物于此，视之泽然而黄，臭之郁然而香，抚之挛然而员，食之滋然而甘者，吾知其为橘也。设去其泽然黄者，而无施以他色；夺其郁然香者，而无畀以他臭；毁其挛然员者，而无赋以他形；绝其滋然甘者，而无予以他味，举凡可以根尘接者，皆褫之而无被以其他，则是橘所余留为何物耶？名相固皆妄矣，而去妄以求其真，其真又不可见，则安用此茫昧不可见者，独宝贵之以为性真为哉？故曰幻之有真与否，断断乎不可知也。虽然，人之生也，形气限之，物之无对待而不可以根尘接者，本为思议所不可及。是故物之本体，既不敢言其有，亦不得遽言其无，故前者之说，未尝固也。悬揣微议，而默于所不可知。独至释迦，乃高唱大呼，不独三界四生，人天魔龙，有识无识，凡法轮之所转，皆取而名之曰幻。其究也，

---

① 比圭黎，Berkeley，今通译柏克莱（1685—1753）。英国哲学家，英国爱尔兰克罗尼地区主教。经验主义哲学代表人物。美国加州的柏克莱市、加州大学柏克莱分校的命名，均有向其致敬之意。

② 穆勒，Mill，现又译作弥尔（1806—1873），英国思想家，哲学家，经济学家，心理学家。是被公认的有史以来智商最高的人之一。

至法尚应舍，何况非法？此自有说理以来，了尽空无，未有如佛者也。

复案：此篇及前篇所诠观物之理，最为精微。初学于名理未熟，每苦难于猝喻。顾其论所关甚巨，自希腊倡说以来，至有明嘉靖隆万之间，其说始定，定而后新学兴，此西学绝大关键也。鄙人谫陋，才不副识，恐前后所翻，不足达作者深旨，转贻理障之讥。然兹事体大，所愿好学深思之士，反覆勤求，期于必明而后措，则继今观理，将有庖丁解牛之乐，不敢惮烦，谨为更敷其旨。法人特嘉尔[①]者，生于一千五百九十六年。少羸弱，而绝颖悟，从耶稣会神父学，声入心通，长老惊异，每设疑问，其师辄穷置对。目睹世道晦盲，民智僿野，而束教囿习之士，动以古义相劫持，不察事理之真实。于是倡尊疑之学，著《道术新论》，以剿击旧教。曰：吾所自任者无他，不妄语而已。理之未明，虽刑威当前，不能讳疑而言信也。学如建大屋然，务先立不可撼之基，客土浮虚，不可任也。掘之穿之，必求实地。有实地乎？事基于此，无实地乎？亦期了然。今者吾生百观，随在皆妄，古训成说，弥多失真，虽证据纷纶，滋偏蔽耳。借思求理，而诐谬之累，即起于思，即识寻真，而逃罔之端，乃由于识。事迹固显然也，而观相乃互乖，耳目固最切也，而所告或非实。梦，妄也，方其未觉，即同真觉，真矣，安

① 特嘉尔，Descartes，今译笛卡尔（1596—1650），法国哲学家、物理学家、生理学家，解析几何的创始人。

知非梦妄名觉。举毕生所涉之涂，一若有大魅焉，常以荧惑人为快者？然则吾生之中，果何事焉，必无可疑，而可据为实乎？原始要终，是实非幻者，惟意而已。何言乎惟意为实乎？盖意有是非而无真妄，疑意为妄者，疑复是意，若曰无意，则亦无疑，故曰惟意无幻。无幻故常住，吾生终始，一意境耳，积意成我，意自在，故我自在，非我可妄，我不可妄，此所谓真我者也。特嘉尔之说如此。后二百余年，赫胥黎讲其义曰：世间两物曰我非我，非我名物，我者此心，心物之接，由官觉相，而所觉相，是意非物。意物之际，常隔一尘，物因意果，不得径同，故此一生，纯为意境。特氏此语，既非奇创，亦非艰深，人倘凝思，随在自见。设有圆赤石子一枚于此，持示众人，皆云见其赤色，与其圆形，其质甚坚，其数只一，赤圆坚一，合成此物，备具四德，不可暂离。假如今云：此四德者，在汝意中，初不关物，众当大怪，以为妄言。虽然，试思其赤色者，从何而觉，乃由太阳，于最清气名伊脱[①]者，照成光浪，速率不同，射及石子，余浪皆入，独一浪者不入，反射而入眼中，如水晶盂，摄取射浪，导向眼帘，眼帘之中，脑络所会，受此激荡，如电报机，引达入脑，脑中感变，而知赤色。假使于今石子不变，而是诸缘，如光浪速率，目晶眼帘，有一异者，斯人所见，不成为赤，将见他色[②]。每有一物当前，一人谓红，一人谓碧，红碧二色，不能同时而出一物，

---

① 伊脱，Ether，今称以太。

② 人有生而病眼，谓之色盲，不能辨色。人谓红者，彼皆谓绿。又用干酒调盐燃之暗室，则一切红物皆成灰色，常人之面，皆若死灰。——译者注

以是而知色从觉变，谓属物者，无有是处。所谓圆形，亦不属物，乃人所见，名为如是。何以知之？假使人眼外晶，变其珠形，而为圆桂，则诸圆物，皆当变形。至于坚脆之差，乃由筋力，假使人身筋力，增一百倍，今所谓坚，将皆成脆，而此石子，无异馒首，可知坚性，亦在所觉。赤圆与坚，是三德者，皆由我起。所谓一数，似当属物，乃细审之，则亦由觉。何以言之，是名一者，起于二事：一由目见，一由触知，见触会同，定其为一。今手石子，努力作对眼观之，则在触为一，在见成二，又以常法观之，而将中指交于食指，置石交指之间，则又在见为独，在触成双。今若以官接物，见触同重，前后互殊，孰为当信？可知此名一者，纯意所为，于物无与。即至物质，能隔阂者，久推属物，非凭人意。然隔阂之知，亦由见触，既由见触，亦本人心。由是总之，则石子本体，必不可知，吾所知者，不逾意识，断断然矣。惟意可知，故惟意非幻。此特嘉尔积意成我之说所由生也。非不知必有外因，始生内果，然因同果否，必不可知，所见之影，即与本物相似可也。抑因果互异，犹鼓声之与击鼓人，亦无不可。是以人之知识，止于意验相符。如是所为，已足生事①，更骛高远，真无当也。夫只此意验之符，则形气之学贵矣。此所以自特嘉尔以来，格物致知之事兴，而古所云心性之学微也②。

---

① 此庄子所以云心止于符也。——译者注
② 然今人自有心性之学，特与古人异耳。——译者注

论十　佛　法

　　夫云一切世间，人天地狱，所有神魔人畜，皆在法轮中转，生死起灭，无有穷期，此固婆罗门之旧说。自乔答摩出，而后取群实而皆虚之。一切有为，胥由心造，譬如逝水，或回旋成齐，或跳荡为汩，倏忽变现，因尽果销。人生一世间，循业发现，正如絷犬于株，围绕踯躅，不离本处。总而言之，无论为形为神，一切无实无常，不特存一己之见，为缠著可悲，而即身以外，所可把玩者，果何物耶？今试问方是之时，前所谓业种羯摩，则又何若？应之曰：羯摩固无羔也。盖羯摩可方磁气，其始在磁石也，俄而可移之入钢，由钢又可移之入镉，展转相过，而皆有吸铁之用。当其寓于一物之时，其气力之醇醨厚薄，得以术而增损聚散之，亦各视其所遭逢，以为所受浅深已耳。是以羯摩果业，随境自修，彼是转移，绵延无已。顾世尊一大事因缘，正为超出生死，所谓廓然空寂，无有圣人，而后为幻梦之大觉。大觉非他，涅槃是已。然涅槃究义云何？学者至今，莫为定论，不可思议，而后成不二门也。若取其粗者诠之，则以无欲无为，无识无相，湛然寂静，而又能仁为归。必入无余涅槃而灭度之，而后羯摩不受轮转，而爱河苦海，永息迷波，此释道究竟也。此与婆罗门所证圣果，初若相似，而实则复乎不同。至薰修自度之方，则旧教以刻厉为真修，以嗜欲为粮莠，佛则又不谓然，目为揠苗助长，非徒无益，抑且害之。彼以为为道务澄其源，苟不揣其本，而惟末之齐，即断毁支体，摩顶放踵，为益几何？故欲绝恶根，须培善本，善本既立，恶根自除。道在悲智兼大，以利济群生，名相两忘，而净修三业。质而言之，要不外塞物竞之流，绝自营之私，而明通公溥，物我一体而已。自营未尝不争，争则物竞兴，而轮回无以自免矣。婆罗门之道为我，而佛反之以兼爱，此佛道径途，与旧教虽同，其坚苦卓厉，而用意又迥不相侔者也。此其一人作则而万类从风，越三千岁而长存，通九重译而弥远，自生民神道设教以来，其流传广远，莫如佛者，有由然矣。恒河沙界，惟我独尊，则不知造物之有宰；本性圆融，周遍法界，则不信人身之有魂；超度四流，大患永灭，则长生久视之蕲，不仅大愚，且为罪业。祷颂无所用也，祭祀匪所歆也，舍自性自度而外，无它术焉。无所服从，无所争竞，无所求助于道外众生，寂旷虚寥，冥然孤往。其教之行也，合五洲之民计之，望风承流，居其少半，虽今日源远流杂，渐失清净本来，然较而论之，尚为地球中最大教会也。呜呼，斯已奇尔！

复案："不可思议"四字，乃佛书最为精微之语，中经稗贩妄人，滥用率称，为日已久，致渐失本意，斯可痛也。夫"不可思议"之云，与云"不可名言"、"不可言喻"者迥别，亦与云"不能思议"者大异。假如人言见奇境怪物，此为不可名言；又如深喜极悲，如当身所觉，如得心应手之巧，此谓不可言喻；又如居热地人生未见冰，忽闻水上可行，如不知通吸力理人，初闻地员对足底之说，茫然而疑，翻谓世间无此理实，告者妄言，此谓不能思议。至于"不可思议"之物，则如云世间有圆形之方，有无生而死，有不质之力，一物同时能在两地诸语，方为不可思议。此在日用常语中，与所谓谬妄违反者，殆无别也。然而谈理见极时，乃必至"不可思议"之一境，既不可谓谬，而理又难知，此则真佛书所谓"不可思议"，而"不可思议"一言，专为此设者也。佛所称涅槃，即其不可思议之一。他如理学中不可思议之理，亦多有之，如天地元始，造化真宰，万物本体是已。至于物理之不可思议，则如宇如宙，宇者太虚也①，宙者时也②，他如万物质点，动静真殊，力之本始，神思起讫之伦，虽在圣智，皆不能言，此皆真实不可思议者。今欲敷其旨，则过于奥博冗长，姑举其凡，为涅槃起例而已。涅槃者，盖佛以谓三界诸有为相，无论自创创他，皆暂时讦合成观，终于消亡。而人身之有，则以想爱同结，聚幻成身，世界如空华，羯摩如空果，世世生生，相续不绝。人天地狱，各随所修，是以贪欲一捐，诸幻都灭，无生既证，则与生俱生者，随之而尽，此涅槃最浅义谛也。然自世尊宣扬正教以来，其中圣贤，于泥洹皆不著文字言说，以为不二法门，超诸理解，岂曰无辨？辨所不能言也。然而津逮之功，非言不显，苟不得已而有云，则其体用固可得以微指也。一是涅槃为物，无形体，无方相，无一切有为法，

_____

① 庄子谓之有实而无夫处。处，界域也，谓其有物而无界域，有内而无外者也。——译者注

② 庄子谓之有长而无本剽。剽，末也，谓其有物而无起讫也。二皆甚精界说。——译者注

92

举其大意言之，固与寂灭真无者无以异也。二是涅槃寂不真寂，灭不真灭，假其真无，则无上、正偏知之名乌从起乎？此释迦牟尼所以译为空寂而兼能仁也。三是涅槃湛然妙明，永脱苦趣，福慧两足，万累都捐，断非未证斯果者所及知，所得喻，正如方劳苦人，终无由悉息肩时情况。故世人不知，以谓佛道若究竟灭绝空无，则亦有何足慕！而智者则知，由无常以入长存，由烦恼而归极乐，所得至为不可言喻。故如渴马奔泉，久客思返，真人之慕，诚非凡夫所与知也。涅槃可指之义如此。第其所以称不可思议者，非必谓其理之幽渺难知也，其不可思议，即在"寂不真寂，灭不真灭"二语。世界何物，乃为非有、非非有耶？譬之有人，真死矣，而不可谓死，此非天下之违反，而至难著思者耶？故曰不可思议也。此不徒佛道为然，理见极时，莫不如是。盖天下事理，如木之分条，水之分派，求解则追溯本源。故理之可解者，在通众异为一同，更进则此所谓同，又成为异，而与他异通于大同。当其可通，皆为可解，如是渐进，至于诸理会归最上之一理，孤立无对，既无不冒，自无与通，无与通则不可解，不可解者，不可思议也。此所以毗耶一会，文殊师利菩萨，唱不二法门之音。一时三十二说皆非，独净名居士不答一言，斯为真喻。何以故？不二法门与思议解说，二义相灭，不可同称也，其为不可思议真实理解，而浅者以谓幽夐迷罔之词，去之远矣。

论十一　学　派

今若舍印度而渐迤以西，则有希腊、犹大、义大利诸国，当姬汉之际，迭为声明文物之邦。说者谓彼都学术，与亚南诸教，判然各行，不相祖述；或则谓西海所传，尽属东来旧法，引绪分支。二者皆一偏之论，而未尝深考其实者也。为之平情而论，乃在折中二说之间。盖欧洲学术之兴，亦如其民之种族，其始皆自伊兰旧壤而来。迨源远支交，新知踵出，则冰寒于水，自然度越前知，今观天演学一端，即可思而得其理矣。希腊文教，最为昌明，其密理图①学者，皆识斯义，而伊匪苏②之额拉吉来图为之魁。额拉生年，与身毒释迦之时，实为相接，潭思著论，精旨微言，号为难读。晚近学者，乃取其残缺，熟考而精思之，乃悟今兹所言，虽诚益密益精，然大体所存，固已为古人先获。即如此论首篇，所引濯足长流诸喻，皆额拉氏之绪言。但其学苞六合，阐造化，为数千年格致先声，不断断于民生日用之间，修己治人之事。洎夫数传之后，理学虑涂，辐辏雅典，一时明哲，咸殚思于人道治理之中，而以额拉氏为穷高骛远矣。此虽若近思切问，有鞭辟向里之功，而额拉氏之体大思精，所谓检押大宇，隤括万类者，亦随之而不可见矣。盖中古理家苏格拉第与柏拉

---

　　①　密理图，Miletus，今译米利都。
　　②　伊匪苏，Ephesus，今译爱菲斯。

图师弟二人，最为超特。顾彼于额拉氏之绪论遗文，知之转不若吾后人之亲切者。学术之门庭各异，则虽年代相接，未必能相知也。苏格氏之大旨，以为天地六合之大，事极广远，理复繁赜，决非生人智虑之所能周。即使穷神竭精，事亦何裨于日用？所以存而不论。反以求诸人事交际之间，用以期其学之翔实。独不悟理无间于小大，苟有脊伦对待，则皆为学问所可资。方其可言，不必天难而人易也，至于无对，虽在近习，而亦有难窥者矣。是以格致实功，恒在名理气数之间，而绝口不言神化。彼苏格氏之学，未尝讳神化也，而转病有伦脊可推之物理为高远而置之，名为崇实黜虚，实则舍全而事偏，求近而遗远，此所以不能引额拉氏未竟之绪，而大有所明也。夫薄格致气质之学，以为无关人事，而专以修己治人之业，为切要之图者，苏格氏之宗旨也。此其道，后之什匿克①宗用之，厌恶世风，刻苦励行，有安得臣②，知阿真尼③为眉目。再传之后，有雅里大德勒④崛起马基顿⑤之南，察其神识之所周，与其解悟之所入，殆所谓超凡入圣，凌铄古今者矣。然尚不知物化迁流、宇宙悠久之论，为前识所已言。故额拉氏为天演学宗，其滴髓真传，前不属于苏格拉第，后不属之雅里大德勒，二者虽皆当代硕师，而皆无

---

① 什匿克，Cynics，今译犬儒学派。
② 安得臣，Antisthenes，今译安提斯泰尼，犬儒学派创立人。
③ 知阿真尼，Diogenes，今译第欧根尼。
④ 雅里大德勒，即亚里士多德。严译不很统一，有的地方译作亚理斯大德。
⑤ 马基顿，今译马其顿。

与于此学，传衣所托，乃在德谟吉利图①也。顾其时民智尚未宏开，阿伯智拉②所倡高言，未为众心之止，直至斯多噶之徒出，乃大阐径途，上接额拉氏之学，天演之说，诚当以此为中兴，条理始终，厘然具备矣。独是学经传授，无论见知、私淑，皆能渐失本来。缘学者各奋其私，迻传失实，不独夺其所本有，而且羼以所本无，如斯多噶所持造物真宰之说，则其尤彰明较著者也。原夫额拉之论，彼以火化为万物根本，皆出于火，皆入于火，由火生成，由火毁灭，递劫盈虚，周而复始，又常有定理大法焉以运行之。故世界起灭，成败循还，初不必有物焉，以纲维张弛之也。自斯多噶之徒兴，于是宇宙冥顽，乃有真宰，其德力无穷，其悲智兼大，无所不在，无所不能，不仁而至仁，无为而体物，孕太极而无对，窅然居万化之先，而永为之主。此则额拉氏所未言，而纯为后起之说也。

复案：密理图旧地，在安息③西界。当春秋昭定之世，希腊全盛之时，跨有二洲，其地为一大都会，商贾辐辏，文教休明，中为波斯所侵，至战国时，罗马渐盛，希腊稍微，而其地亦废，在今斯没尔拿④地南。

伊匪苏旧壤，亦在安息之西，商辛、周文之时，希腊

---

① 德谟吉利图，即德谟克利特，严有时又译作德摩颉利图或额拉吉来图。

② 阿伯智拉，Abdera，今译阿布德拉，德谟克利特出生地。此处指代德谟克利特。

③ 安息今名小亚西亚。——译者注

④ 斯没尔拿，Smyrna，今译士麦那，即土耳其伊兹密尔市。

建邑于此，有祠宇祀先农神知安那①最著号。周显王十三年，马基顿名王亚烈山大②生日，伊匪苏灾，四方布施，云集山积，随复建造，壮丽过前，为南怀仁所称宇内七大工之一。后属罗马，耶稣之徒波罗③，宣景教于此。曹魏景元、咸熙间，先农之祠又毁。自兹厥后，其地寝废，突厥④兴，尚取其材以营君士但丁⑤焉。

额拉吉来图，生于周景王十年，为欧洲格物初祖。其所持论，前人不知重也，今乃愈明，而为之表章者日众。按额拉氏以常变言化，故谓万物皆在已与将之间，而无可指之，今以火化为天地秘机，与神同体，其说与化学家合。又谓人生而神死，人死而神生，则与漆园⑥彼是方生之言若符节矣。

苏格拉第，希腊之雅典人，生周末元、定之交，为柏拉图师。其学以事天、修己、忠国、爱人为务，精辟肫挚，感人至深，有欧洲圣人之目。以不信旧教，独守真学，于威烈王二十二年，为雅典王坐以非圣无法杀之，天下以为冤。其教人无类，无著作，死之后，柏拉图为之追述言论，纪事迹也。

柏拉图，一名雅里大各⑦，希腊雅典人，生于周考王

---

① 知安那，Diana，今译戴安娜，为月亮女神与狩猎女神。戴安娜为罗马神话体系中的称号，希腊神话中称为阿耳忒弥斯。

② 亚烈山大今译亚历山大大帝。

③ 波罗，今译保罗。

④ 突厥指土耳其。

⑤ 君士但丁，今译君士坦丁堡，即今土耳其首都伊斯坦布尔。

⑥ 漆园，指庄子。庄子曾担任漆园吏。

⑦ 雅里大各，严氏在论三案语中，译为亚里大各。

十四年，寿八十岁，仪形魁硕。希腊旧俗，庠序间极重武事，如超距搏跃之属，而雅里大各称最能，故其师字之曰柏拉图，柏拉图，汉言骈胁也。折节为学，善歌诗，一见苏格拉第，闻其言，尽弃旧学，从之十年。苏以非罪死，柏拉图为讼其冤，党人仇之，乃弃乡里，往游埃及，求师访道十三年，走义大利，尽交罗马贤豪长者，论议触其王讳，为所卖为奴，主者心知柏拉图大儒，释之。归雅典，讲学于亚克特美园[①]，学者裹粮挟贽，走数千里，从之问道。今泰西太学，称亚克特美，自柏拉图始。其著作多称师说，杂出己意，其文体皆主客设难，至今人讲诵弗衰，精深微妙，善天人之际，为人制行纯懿，不愧其师，故西国言古学者称苏、柏。

什匿克者，希腊学派名，以所居射圃而著号，倡其学者，乃苏格拉第弟子名安得臣者。什匿克宗旨，以绝欲遗世，克己励行为归，盖类中土之关学[②]，而质确之余，杂以任达，故其流极，乃贫贱骄人，穷丐狂倮，黠刻自处，礼法荡然。相传安得臣常以一木器自随，坐卧居起，皆在其中，又好对人露秽，白昼持烛，遍走雅典，人询其故，曰：吾觅遍此城，不能得一男子也。

斯多噶者，亦希腊学派名，昉于周末考、显间，而芝诺称祭酒，以市楼为讲学处，雅典人呼城闉为斯多亚，遂

---

① 亚克特美园，Academy，柏拉图在纪念传奇英雄阿卡迭穆的花园中建立的学园。Academy 存在九百余年。以后西方各国学术研究机构多以 Academy（学院）命名。

② 宋代张载等人为代表的儒学家派，因其弟子多为关中人，故称关学。

以是名其学。始于希腊，成于罗马，而大盛于西汉时，罗马著名豪杰，皆出此派，流风广远，至今弗衰。欧洲风尚之成，此学其星宿海也，以格致为修身之本。其教人也，尚任果，重犯难，好然诺，贵守义相死，有不苟荣、不幸生之风。西人称节烈不屈男子曰"斯多噶"，盖所从来旧矣。

雅里大德勒①者，柏拉图高足弟子，而马基顿名王亚烈山大师也。生周安王十八年，寿六十二岁。其学自天算格物，以至心性、政理、文学之事，靡所不赅，虽导源师说，而有出蓝之美。其言理也，分四大部，曰理，曰性，曰气，而最后曰命，推此以言天人之故。盖自西人言理以来，其立论树义，与中土儒者较明，最为相近者，雅里氏一家而已。元明以前，新学未出，泰西言物性、人事、天道者，皆折中于雅里氏，其为学者崇奉笃信，殆与中国孔子侔矣。洎有明中叶，柏庚起英，特嘉尔起法，倡为实测内籀之学，而奈端②、加理列倭③、哈尔维④诸子，踵用其术，因之大有所明，而古学之失日著，激者引绳排根，矫枉过直，而雅里氏二千年之焰，几乎熄矣。百年以来，物理益明，平陂往复，学者乃澄识平虑，取雅里旧籍考而论之，别其芜类，载其菁英，其真乃出，而雅里氏之精旨微言，卒以不废。嗟乎！居今思古，如雅里大德勒者，不可谓非聪颖

---

① 此名多与雅里大各相混，雅里大各乃其师名耳。——译者注
② 奈端，今译牛顿。
③ 加理列倭，今通译伽利略。
④ 哈尔维，今译哈维（1578—1657），英国科学家，医生，最先提出和论证了血液循环理论。

特达，命世之才也。

德谟吉利图者，希腊之亚伯地拉人，生春秋鲁哀间。德谟善笑，而额拉吉来图好哭，故西人号额拉为哭智者，而德谟为笑智者，犹中土之阮嗣宗、陆士龙也。家雄于财，波斯名王绰克西斯至亚伯地拉时，其家款王及从者甚隆谨，绰克西斯去，留其傅马支①教主人子，即德谟也。德谟幼颖敏，尽得其学。复从之游埃及、安息、犹大诸大邦，所见闻广。及归，大为国人所尊信，号"前知"，野史稗官，多言德谟神异，难信。其学以觉意无妄，而见尘非真为旨，盖已为特嘉尔嚆矢矣。又黜四大之说，以莫破质点言物，此别质学种子，近人达尔敦②演之，而为化学始基云。

---

① 古神巫号。——译者注
② 达尔敦，今译道尔顿（1766—1844），英国化学家。

论十二 天　难

学术相承，每有发端甚微，而经历数传，事效遂巨者，如斯多噶创为上帝宰物之言是已。夫茫茫天壤，既有一至仁极义、无所不知、无所不能、无所不往、无所不在之真宰，以弥纶施设于其间，则谓宇宙有真恶，业已不可，谓世界有不可弥之缺憾，愈不可也。然而吾人内审诸身心之中，外察诸物我之际，觉覆载徒宽，乃无所往而可离苦趣，今必谓世界皆妄非真，则苦乐固同为幻相，假世间尚存真物，则忧患而外，何者为真？大地抟抟，不徒恶业炽然，而且缺憾分明，弥缝无术，孰居无事，而推行是？质而叩之，有无可解免者矣。虽然，彼斯多噶之徒不谓尔也。吉里须布①曰：一教既行，无论其宗风谓何，苟自其功分趣数而观之，皆可言之成理。故斯多噶之为天讼直也，一则曰天行无过，二则曰祸福倚伏，患难玉成，三则曰威怒虽甚，归于好生。此三说也，不独深信于当年，实且张皇于后叶，胪诸简策，布在风谣，振古如兹，垂为教要。往者朴伯②以韵语赋《人道篇》③数万言，其警句云："元宰有秘机，斯人特未

---

① 吉里须布，Chrysippus，今译克吕西普（前 280—约前 207），古希腊哲学家。

② 朴伯，英国诗人。——译者注。

朴伯，今译蒲柏(1688—1744)，被公认为 18 世纪英国最伟大的诗人。

③ 《人道篇》，*Essay on Man*。

悟，世事岂偶然，彼苍审措注，乍疑乐律乖，庸知各得所？虽有偏沴灾，终则其利薄，寄语傲慢徒，慎勿轻毁诅，一理今分明，造化原无过。"如前数公言，则从来无不是上帝是已。上帝固超乎是不是而外，即庸有是不是之可论，亦必非人类所能知。但即朴伯之言而核之，觉前六语诚为精理名言，而后六语则考之理实，反之吾心，有謇謇乎不相比附者，虽用此得罪天下，吾诚不能已于言也。盖谓恶根常含善果，福地乃伏祸胎，而人常生于忧患，死于安乐，夫宁不然。但忧患之所以生，为能动心、忍性、增益不能故也，为操危虑深者，能获德慧、术知故也，而吾所不解者，世间有人非人，无数下生，虽空乏其身，拂乱所为，其能事决无由增益，虽极茹苦困殆，而安危利菑，智慧亦无从以进。而高高在上者，必取而空乏、拂乱、茹苦、困殆之者，则又何也？若谓此下愚虫豸，本彼苍所不爱惜云者，则又如前者至仁之说何？且上帝既无不能矣，则创世成物之时何？不取一无灾无害无恶业无缺憾之世界而为之，乃必取一忧患从横水深火烈如此者，而又造一切有知觉能别苦乐之生类，使之备尝险阻于其间，是何为者？嗟嗟！是苍苍然穹尔高者，果不可问耶？不然，使致憾者明目张胆，而询其所以然，吾恐芝诺、朴伯之论，自号为天讼直者，亦将穷于置对也。事自有其实，理自有其平。若徒以贵位尊势，箝制人言，虽帝天之尊，未足以厌其意也。且径谓造物无过，其为语病尤深。盖既名造物，则两间所有，何一非造物之所为？今使世界已诚美备，无可复加，则安事斯人，毕生胼胝，举世勤劬，以求更进之一境？计惟有式饮庶几，式食庶几，芸芸以生，泯泯以死！今日之世事，已无足与治，明日之世事，又莫可谁何？是故用斯多噶、朴伯之道，势必愿望都灰，修为尽绝，使一世溃然萎然，成一伊壁鸠鲁之豕圈而后可。生于其心，害于其政，势有必至，理有固然者也。

　　复案：伊壁鸠鲁，亦额里思人，柏拉图死七年，而伊生于阿底加^①。其学以惩忿窒欲，逐生行乐为宗，而仁智为之辅。所讲名理治化诸学，多所发明，补前人所未逮。后人谓其学专主乐生，病其恣肆，因而有豕圈之诮，犹中土之讥杨、墨，以为无父无君，等诸禽兽，门户相非，非其实也。实则其教清净节适，安遇乐天，故能为古学一大宗，而其说至今不坠也。

---

　　① 阿底加，Attica。

论十三　论　性

　　吾尝取斯多噶之教与乔答摩之教，较而论之，则乔答摩悲天悯人，不见世间之真美；而斯多噶乐天任运，不睹人世之足悲。二教虽均有所偏，而使二者必取一焉，则斯多噶似为差乐。但不幸生人之事，欲忘世间之真美易，欲不睹人世之足悲难。祸患之叩吾阍，与娱乐之踵吾门，二者之声孰厉？削艰虞之陈迹，与去欢忻之旧影，二者之事孰难？黠者纵善自宽，而至剥肤之伤，断不能破涕以为笑。徒矜作达，何补真忧！斯多噶以此为第一美备世界，美备则诚美备矣，而无如居者之甚不便何也？又为斯多噶之学者曰：率性以为生。斯言也，意若谓人道以天行为极则，宜以人学天也。此其言据地甚高，后之用其说者，遂有恫然不顾一切之概。然其道又未必能无弊也。前者吾为导言十余篇，于此尝反复而觇缕之矣。诚如斯多噶之徒言，则人过固当扶强而抑弱，重少而轻老，且使五洲殊种之民，至今犹巢居鲜食而后可。何则？天行者，固无在而不与人治相反者也。然而以斯多噶之言为妄，则又不可也。言各有攸当，而斯多噶设为斯言之本旨，恐又非后世用之者所尽知也。夫性之为言，义训非一，约而言之，凡自然者谓之性，与生俱生者谓之性，故有曰万物之性，火炎、水流、鸢飞、鱼跃是已。有曰生人之性，心知、血气、嗜欲、情感是已。然而生人之性，有其粗且贱者，如饮食男女，所与含生之伦同具者也；有其精且贵者，如哀乐羞恶，所与禽兽异然者也①。而是精且贵者，其赋诸人人，尚有等差之殊，其用之也，亦常有当否之别。是故果敢、辩慧贵矣，而小人或以济其奸；喜怒哀乐精矣，而常人或以伤其德。然则吾人性分之中，贵之中尚有贵者，精之中尚有精者。有物浑成，字曰清净之理，人惟具有是性而后有以超万有而独尊，而一切治功教化之事以出。有道之士，能以志帅气矣，又能以理定志，而一切云为动作，胥于此听命焉，此则斯多噶所率为生之性也。自人有是性，乃能与物为与，与民为胞，相养相生，以有天下一家之量。然则是性也，不独生之所恃以为灵，实则群之所恃以为合，教化风俗，视其民率是性之力不力以为分，故斯多噶又名此性曰群性。盖惟一群之中，人人以损己益群，为性分中最要之一事，夫而后其群有以合而不散，而日以强大也。

复案：此篇之说，与宋儒之言性同。宋儒言天，常分理气为两物。程子有所谓气质之性，气质之性，即告子所谓生之谓性，荀子所谓恶之性也。大抵儒先言性，专指气而言则恶之，专指理而言则善之，合理气而言者则相近之，善恶混之，三品之，其不同如此。然惟天降衷有恒矣，而亦生民有欲，二者皆天之所为。古"性"之义通"生"，三家之说，均非无所明之论。朱子主理居气先之说，然无气又何从见理？赫胥黎氏以理属人治，以气属天行，此亦自显诸用者言之。若自本体而言，亦不能外天而言理也，与宋儒言性诸说参观可耳。

---

① 案：哀乐羞恶，禽兽亦有之，特始见端，而微眇难见耳。

——译者注

论十四　矫性

　　天演之学，发端于额拉吉来图，而中兴于斯多噶。然而其立教也，则未尝以天演为之基。自古言天之家，不出二途：或曰是有始焉，如景教《旧约》所载创世之言是已；有曰是常如是，而未尝有始终也，二者虽斯多噶言理者所弗言，而代以天演之说，独至立教，则与前二家有尝异焉。盖天本难言，况当日格物学浅！斯多噶之徒，意谓天者人道之标准，所贵乎称天者，将体之以为道德之极隆，如前篇所谓率性为生者。至于天体之实，二仪之所以位，混沌之所由开，虽好事者所乐知，然亦何关人事乎？故极其委心任运之意，其蔽也，乃徒见化工之美备，而不睹天运之疾威，且不悟天行人治之常相反。今夫天行之与人治异趋，触目皆然，虽欲美言粉饰，无益也。自吾所身受者观之，则天行之用，固常假手于粗且贱之人心，而未尝诱衷于精且贵之明德，常使微者愈微，危者愈危。故彼教至人，亦知欲证贤关，其功行存乎矫拂，必绝情塞私，直至形若槁木、心若死灰而后可。当斯之时，情固存也，而不可以摇其性，云为动作，必以理为之依。如是绵绵若存，至于解脱形气之一日，吾之灵明，乃与太虚明通公溥之神，合而为一。是故自其后而观之，则天竺、希腊两教宗，乃若不谋而合。特精而审之，则斯多噶与旧教之婆罗门为近，而亦微有不同者：婆罗门以苦行穷乞为自度梯阶，

106

而斯多噶未尝以是为不可少之功行。然则是二土之教，其始本同，其继乃异，而风俗人心之变，即出于中，要之其终，又未尝不合。读印度《四韦陀》之诗[①]，与希腊鄂谟尔[②]之什，皆豪壮轻侠，目险巇为夷途，视战斗为乐境。故其诗曰："风雷晴美日，欣受一例看。"当其气之方盛壮也，势若与鬼神天地争一旦之命也者。不数百年后，文治既兴，粗豪渐泯，觇彼后贤，乃忽然尽丧其故。跳脱飞扬之气，转以为忧深虑远之风，悲来悼往之意多，而乐生自憙之情减。其沉毅用壮，百折不回之操，或有加乎前，而群知趋营前猛之可悼。于是敛就新懦，谓天下非胜物之为难，其难胜者，即在于一己。精锐英雄，回向折节，瘃瘵诚求，崇归大道。提婆[③]、殑伽[④]两水之旁，先觉之畴，如出一辙，咸晓然于天行之太劲，非脱屣世务，抖擞精修，将历劫沉沦，莫知所届也。悲夫！

复案：此篇所论，虽专言印度希腊古初风教之同异，而其理则与国种盛衰强弱之所以然，相为表里。盖生民之事，其始皆教庞儳野如土番猺獠，名为野蛮。泊治教粗开，则武健侠烈敢斗轻死之风竞，至于变质尚文，化深俗易，则良儒俭啬计深虑远之民多。然而前之民也。内虽不足于治，

---

　　① 韦陀，现通常译为吠陀。四韦陀指《梨俱吠陀》、《娑摩吠陀》、《夜柔吠陀》、《阿闼婆吠陀》。

　　② 鄂谟尔，Homer，严氏在论五中，译为鄂谟，今译荷马。

　　③ 提婆，Tiber，今译台伯。意大利河流。

　　④ 殑伽，Genga 或 Ganges，又名恒伽，今译恒河，印度大河。恒河流域为印度文明的中心。

而种常以强。其后之民，则卷娄濡需，黠诈情瘝，易于驯伏矣，然而无耻尚利，贪生守雌，不幸而遇外仇，驱而縻之，犹羊豕耳。不观之《诗》乎？有《小戎》、《驷驖》之风，而秦卒以并天下，《蟋蟀》、《葛屦》、《伐檀》、《硕鼠》之诗作，则唐、魏卒底于亡。周、秦以降，与戎狄角者，西汉为最，唐之盛时次之，南宋最下。论古之士，察其时风俗政教之何如，可以得其所以然之故矣。至于今日，若仅以教化而论，则欧洲中国优劣尚未易言，然彼其民，好然诺，贵信果，重少轻老，喜壮健无所屈服之风。即东海之倭，亦轻生尚勇，死党好名，与震旦之民大有异。呜呼！隐忧之大，可胜言哉！

论十五 演 恶

意者四千余年之人心不相远乎？学术如废河然。方其废也，介然两厓之间，浩浩平沙，蕞蕞黄芦而止耳，迨一日河复故道，则依然曲折委蛇，以达于海。天演之学犹是也。不知者以为新学，究切言之，则大抵引前人所已废也。今夫明天人之际，而标为教宗者，古有两家焉，一曰闵世之教，婆罗门、乔答摩、什匿克三者是已。如是者彼皆以国土为危脆，以身世为梦泡，道在苦行真修，以期自度于尘劫，虽今之时，不乏如此人也。国家禁令严，而人重于远俗，不然，则桑门坏色之衣，比丘乞食之钵，什匿克之蓬累带索，木器自随，其忍为此态者，独无徒哉！又其一曰乐天之教，如斯多噶是已。彼则以世界为天园，以造物为慈母，种物皆日蒸于无疆，人道终有时而极乐。虎狼可化为羊也，烦恼究观皆福也。道在率性而行，听民自由，而不加以夭阏。虽今之时，愈不乏如此人也。前去四十余年，主此说以言治者最众，今则稍稍衰矣。合前二家之论而折中之，则世固未尝皆足闵，而天又未必皆可乐也。夫生人所历之程，哀乐亦相半耳！彼毕生不遇可忻之境，与由来不识何事为可悲者，皆居生人至少之数，不足据以为程者也。

复案：赫胥黎氏此语最蹈谈理肤浅之弊，不类智学家言。

而于前二氏之学去之远矣。试思所谓哀乐相半诸语，二氏岂有不知，而终不尔云者，以道眼观一切法，自与俗见不同。赫氏此语取媚浅学人，非极挚之论也。

善夫先民之言曰：天分虽诚有限，而人事亦不足有功。善固可以日增，而恶亦可以代减。天既予人以自辅之权能，则练心缮性，不徒可以自致于最宜，且右挈左提，嘉与宇内共跻美善之徒，使天行之威日杀，而人人有以乐业安生者，固斯民最急之事也。格物致知之业，无论气质名物，修齐治平，凡为此而后有事耳。至于天演之理，凡属两间之物，固无往而弗存，不得谓其显于彼而微于此。是故近世治群学者，知造化之功，出于一本，学无大小，术不互殊，本之降衷固有之良，演之致治雍和之极，根荄华实，厘然备具，又皆有条理之可寻，诚犁然有当于人心，不可以且莫之言废也。虽然，民有秉彝矣，而亦天生有欲。以天演言之，则善固演也，恶亦未尝非演。若本天而言，则尧、桀、夷、跖，虽义利悬殊，固同为率性而行，任天而动也，亦其所以致此者异耳。用天演之说，明殃庆之各有由，使制治者知操何道焉，而民日趋善，动何机焉，而民日竞恶，则有之矣。必谓随其自至，则民群之内，恶必自然而消，善必自然而长，吾窃未之敢信也。且苟自心学之公例言之，则人心之分别见，用于好丑者为先，而用于善恶者为后。好丑者，其善恶之萌乎？善恶者，其好丑之演乎？是故好善、恶恶，容有未实，而好好色、恶恶臭之意，则未尝不诚也。学者先明吾心忻好、厌丑之所以然，而后言任自然之道，而民群善恶之机，孰消孰长可耳。

复案：通观前后论十七篇，此为最下。盖意求胜斯宾塞，遂未尝深考斯宾氏之所据耳。夫斯宾塞所谓民群任天演之自然，则必日进善不日趋恶，而郅治必有时而臻者，其竖义至坚，殆难破也。何以言之？一则自生理而推群理。群者，生之聚也，今者合地体、植物、动物三学观之，天演之事，皆使生品日进，动物自子乆蠕蠕，至成人身，皆有绳迹可以追溯，此非一二人之言也。学之始起，不及百年，达尔文论出，众虽翕然，攻者亦至众也。顾乃每经一攻，其说弥固，其理弥明，后人考索日繁，其证佐亦日实。至今外天演而言前三学者，殆无人也。夫群者，生之聚也，合生以为群，犹合阿弥巴①而成体。斯宾塞氏得之，故用生学之理以谈群学，造端此事，粲若列眉矣。然于物竞天择二义之外，最重体合，体合者，物自致于宜也。彼以为生既以天演而进，则群亦当以天演而进无疑。而所谓物竞、天择、体合三者，其在群亦与在生无以异，故曰任天演自然，则郅治自至也。虽然，曰任自然者，非无所事事之谓也，道在无扰而持公道。其为公之界说曰：各得自由，而以他人之自由为域。其立保种三大例，曰：一，民未成丁，功食为反比例率；二，民已成丁，功食为正比例率；三，群己并重，则舍己为群。用三例者，群昌；反三例者，群灭。今赫胥氏但以随其自至当之，可谓语焉不详者矣。至谓善恶皆

──────────

① 极小虫生水藻中，与血中白轮同物，为生之起点。——译者注阿弥巴，今译阿米巴。

111

由演成，斯宾塞固亦谓尔。然民既成群之后，苟能无扰而公，行其三例，则恶将无从而演，恶无从演，善自日臻。此亦犹庄生去害马以善群，释氏以除翳为明目之喻已。又斯宾氏之立群学也，其开宗明义，曰：吾之群学如几何，以人民为线面，以刑政为方圆，所取者皆有法之形。其不整无法者，无由论也。今天下人民国是，尚多无法之品，故以吾说例之，往往若不甚合者。然论道之言，不资诸有法固不可[①]，学者别白观之，幸勿讶也云云。而赫氏亦每略其起例而攻之，读者不可不察也。

---

① 按此指其废君臣、均土田之类而言。——译者注

论十六　群　治

本天演言治者，知人心之有善种，而忘其有恶根，如前论矣，然其蔽不止此。晚近天演之学，倡于达尔文，其《物种由来》一作，理解新创，而精确详审，为格致家不可不读之书。顾专以明世间生类之所以繁殖，与动植之所以盛灭，曰物竞，曰天择，据理施术，树畜之事，日以有功，言治者遂谓牧民进种之道，固亦如是，然而其蔽甚矣。盖宜之为事，本无定程，物之强弱善恶，各有所宜，亦视所遭之境以为断耳。人处今日之时与境，以如是身，入如是群，是固有其最宜者，此今日之最宜，所以为今日之最善也。然情随事迁，浸假而今之所善，又未必他日之所宜也。请即动植之事明之，假令北半球温带之地，转而为积寒之墟，则今之梗柟豫章皆不宜，而宜者乃蒿蓬耳，乃苔藓耳，更进则不毛穷发，童然无能生者可也。又设数千万年后，此为赤道极热之区，则最宜者深菁长藤，巨蜂元蚁，兽蹄鸟迹，交于中国而已，抑岂吾人今日所祈向之最善者哉！故曰宜者不必善，事无定程，各视所遭以为断。彼言治者，以他日之最宜，为即今日之最善，夫宁非蔽欤！人既相聚以为群，虽有伦纪法制行夫其中，然终无所逃于天行之虐。盖人理虽异于禽兽，而孳乳多，则同生之事无涯，而奉生之事有涯，其未至于争者，特早晚耳。争则天行司令，而人治衰，或亡或存，而存者必其

113

强大，此其所谓最宜者也。当是之时，凡脆弱而不善变者，不能自致于最宜，而日为天演所耘，以日少日灭，故善保群者，常利于存；不善保群者，常邻于灭，此真无可如何之势也。治化愈浅，则天行之威愈烈。惟治化进，而后天行之威损。理平之极，治功独用，而天行无权。当此之时，其宜而存者，不在宜于天行之强大与众也。德贤仁义，其生最优，故在彼则万物相攻相感而不相得，在此则黎民于变而时雍，在彼则役物广己者强，在此则黜私存爱者附，排挤蹂躏之风，化而为立达保持之隐。斯时之存，不仅最宜者已也。凡人力之所能保而存者，将皆为致所宜，而使之各存焉。故天行任物之竞，以致其所为择，治道则以争为逆节，而以平争济众为极功。前圣人既竭耳目之力，胼手胝足，合群制治，使之相养相生，而不被天行之虐矣，则凡游其宇而蒙被麻嘉，当思屈己为人，以为酬恩报德之具。凡所云为动作，其有隳交际，干名义，而可以乱群害治者，皆以为不义而禁之。设刑宪，广教条，大抵皆沮任性之行，而劝以人职之所当守。盖以谓群治既兴，人人享乐业安生之福，夫既有所取之以为利，斯必有所与之以为偿，不得仍初民旧贯，使群道坠地，而溃然复返于狉榛也。

复案：自营一言，古今所讳，诚哉其足讳也！虽然，世变不同，自营亦异。大抵东西古人之说，皆以功利为与道义相反，若薰莸之必不可同器。而今人则谓生学之理，舍自营无以为存。但民智既开之后，则知非明道，则无以计功，非正谊，则无以谋利，功利何足病？问所以致之之道何如耳。

故西人谓此为开明自营，开明自营，于道义必不背也。复所以谓理财计学，为近世最有功生民之学者，以其明两利为利，独利必不利故耳。

又案：前篇皆以尚力为天行，尚德为人治，争且乱则天胜，安且治则人胜。此其说与唐刘、柳诸家天论之言合，而与宋以来儒者以理属天，以欲属人者，致相反矣。大抵中外古今，言理者不出二家，一出于教，一出于学。教则以公理属天，私欲属人；学则以尚力为天行，尚德为人治。言学者期于征实，故其言天不能舍形气；言教者期于维世，故其言理不能外化神。赫胥黎尝云：天有理而无善。此与周子所谓诚无为，陆子所称性无善无恶同意。荀子性恶而善伪之语，诚为过当，不知其善，安知其恶耶？至以善为伪，彼非真伪之伪，盖谓人为以别于性者而已。后儒攻之，失荀旨矣。

论十七　进 化

今夫以公义断私恩者,古今之通法也。民赋其力以供国者,帝王制治之同符也。犯一群之常典者,群之人得共诛之,此又有众者之公约也。乃今以天演言治者,一一疑之。谓天行无过,任物竞天择之事,则世将自至于太平。其道在人人自由,而无强以损己为群之公职,立为应有权利之说,以饰其自营为己之深私。又谓民上之所宜为,在持刑宪以督天下之平,过此以往,皆当听民自为,而无劳为大匠斫。唱者其言如纶,和者其言如绰,此其蔽无他,坐不知人治、天行二者之绝非同物而已。前论反覆,不惮冗烦,假吾言有可信者存,则此任天之治为何等治乎?嗟乎!今者欲治道之有功,非与天争胜焉,固不可也。法天行者非也,而避天行者亦非。夫曰与天争胜云者,非谓逆天拂性,而为不祥不顺者也。道在尽物之性,而知所以转害而为利。夫自不知者言之,则以藐尔之人,乃欲与造物争胜,欲取两间之所有,驯扰驾御之以为吾利,其不自量力,而可闵叹,孰逾此者?然溯太古以迄今兹,人治进程,皆以此所胜之多寡为殿最。百年来欧洲所以富强称最者,其故非他,其所胜天行,而控制万物前民用者,方之五洲,与夫前古各国,最多故耳。以已事测将来,吾胜天为治之说,殆无以易也。是故善观化者,见大块之内,人力皆有可通之方，通之愈宏，吾治愈进，而人类乃愈亨。彼佛以国土为危脆，以身世为浮沤，此诚不自欺之说也。然法士巴斯噶尔①不云乎，吾诚弱草，妙能通灵，通灵非他，能思而已。以蕞尔之一茎，蕴无穷之神力，其为物也，与无声无臭，明通公溥之精为类，故能取天所行，而弥纶爕理之，犹佛所谓居一芥子，转大法轮也。凡一部落，一国邑，之为聚也，将必皆有法制礼俗，系夫其中，以约束其任性而行之暴慢，必有罔罟、牧畜、耕稼、陶渔之事，取天地之所有，被以人巧焉，以为养生送死之资，其治弥深，其术之所加弥广，直至今日，所牢笼弹压、驯伏驱除，若执古人而讯之，彼将谓是鬼神所为，非人力也。此无他，亦格致思索之功胜耳。此二百年中之讨索，可谓辟四千年未有之奇。然自其大而言之，尚不外日之初生，泉之始达，来者方多，有愿力者任自为之，吾又乌测其所至耶？是故居今而言学，则名数质力为最精，纲举目张，可以操顺溯逆推之左券，而身心、性命、道德、治平之业，尚不过略窥大意，而未足以拨云雾睹青天也。然而格致程途，始模略而后精深，疑似参差，皆学中应历之境，以前之多所，觝牾遂谓无贯通融会之一日者，则又不然之论也。迨此数学者明，则人事庶有大中至正之准矣，然此必非笃古贱今之士所能也。天演之学，将为言治者不祧之宗。达尔文真伟人哉！然须知万化周流，有其隆升，则亦有其污降。宇宙一大年也，自京垓亿载以还，世运方趋，上行之轨，日中则昃，终当造其极

① 巴斯噶尔，Pascal，今译帕斯卡（1623—1662），法国神学家、数学家、物理学家。

而下沲。然则言化者，谓世运必日亨，人道必止至善，亦有不必尽然者矣。自其切近者言之，则当前世局，夫岂偶然！经数百万年火烈水深之物竞，洪钧范物，陶炼砻磨，成其如是，彼以理气互推，此乃善恶参半，其来也既深且远如此。乃今者欲以数百年区区之人治，将有以大易乎其初，立达绥动之功虽神，而气质终不如是之速化，此其为难偿虚愿，不待智者而后明也。然而人道必以是自沮焉，又不可也。不见夫叩气而吠之狗乎？其始，狼也，虽卧氍毹之上，必数四回旋转踏，而后即安者，沿其鼻祖山中跢藉之习，而犹有存也。然而积其驯伏，乃可使牧羊，可使救溺，可使守藏，矫然为义兽之尤。民之从教而善变也，易于狗。诚使继今以往，用其智力，奋其志愿，由于真实之途，行以和同之力，不数千年，虽臻郅治可也。况彼后人，其所以自谋者，将出于今人万万也哉？居今之日，藉真学实理之日优，而思有以施于济世之业者，亦惟去畏难苟安之心，而勿以宴安媮乐为的者，乃能得耳。欧洲世变，约而论之，可分三际为言：其始如侠少年，跳荡粗豪，于生人安危苦乐之殊，不甚了了，继则欲制天行之虐而不能，侘傺灰心，转而求出世之法。此无异阗然鼓之之后，而弃甲曳兵者也。吾辈生当今日，固不当如鄂谟所歌侠少之轻剽，亦不学瞿昙黄面，哀生悼世，脱屣人寰，徒用示弱，而无益来叶也。固将沉毅用壮，见大丈夫之锋颖，强立不反，可争可取而不可降。所遇善，固将宝而维之，所遇不善，亦无懾焉。早夜孜孜，合同志之力，谋所以转祸为福，因害为利而已矣。

丁尼孙①之诗曰:"挂驵沧海,风波茫茫,或沦无底,或达仙乡。二者何择?将然未然,时乎时乎!吾奋吾力,不竦不慴,丈夫之必。"吾愿与普天下有心人,共矢斯志也。

---

① 丁尼孙, Tennyson, 今译丁尼生 (1809—1892), 英国诗人。

图书在版编目（CIP）数据

天演论 ／（英）赫胥黎（Huxley,T.H.）著；严复译.
—南京：译林出版社，2014.10
　（汉译经典）
　书名原文：Evolution and ethics
　ISBN 978-7-5447-4984-8

Ⅰ.①天… Ⅱ.①赫… ②严… Ⅲ.①进化论 Ⅳ.①Q111

中国版本图书馆CIP数据核字（2014）第205829号

书　　　名	天演论
作　　　者	〔英国〕托马斯·赫胥黎
译　　　者	严　复
责任编辑	王振华
特约编辑	刘全德
出版发行	凤凰出版传媒股份有限公司
	译林出版社
出版社地址	南京市湖南路1号A楼，邮编：210009
电子信箱	yilin@yilin.com
出版社网址	http://www.yilin.com
印　　　刷	三河市延风印装有限公司
开　　　本	960×640毫米　1/16
印　　　张	8.5
字　　　数	60千字
版　　　次	2014年10月第1版　2019年10月第3次印刷
书　　　号	ISBN 978-7-5447-4984-8
定　　　价	32.00元

译林版图书若有印装错误可向承印厂调换